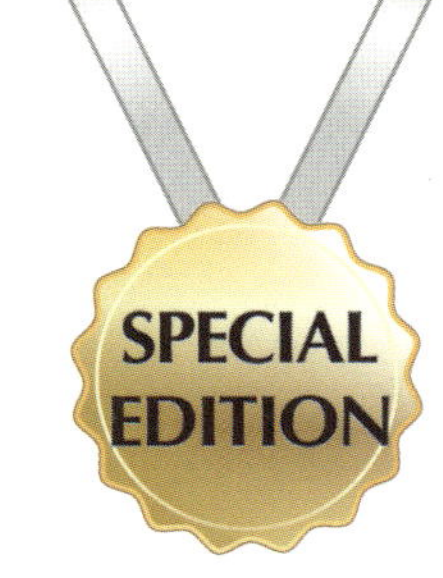

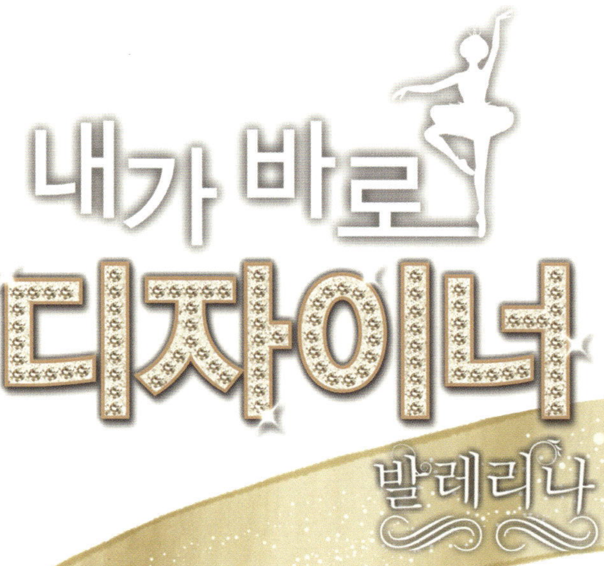

내가 바로 디자이너

발레리나

달리

멋진 디자이너가 되기를

꿈꾸는 모든 어린이들에게 _

내가 바로 디자이너 : 발레리나 편

달리 편집부 지음 | 최미경 그림 | 김혜진 감수

1판 1쇄 펴냄 2013년 4월 10일
1판 11쇄 펴냄 2016년 10월 10일

펴낸이 박소연 | 펴낸곳 (주)도서출판 달리 | 등록 2002. 6. 4.(제10-2398호)
책임편집 박소연 | 디자인 심홍섭 | 마케팅 박소희 | 관리 이명정
03715 서울시 서대문구 수색로 147 3층 | 전화 02) 333-3702 | 팩스 02) 333-3703
ISBN 978-89-5998-110-6 14400
       978-89-5998-103-8 14400 (세트)

※이 책에 나오는 내용은 국립발레단의 홈페이지를 참고하고, 김혜진 님에게 감수를 받았습니다.
   이 책의 감수를 맡은 김혜진 님은 단국대학교 무용학과에서 발레를 전공하고 <백조의 호수>, <호두까기 인형>, <지젤> 등에 출연했습니다.
   지금은 국립발레단 홍보마케팅 팀에서 일하고 있습니다.

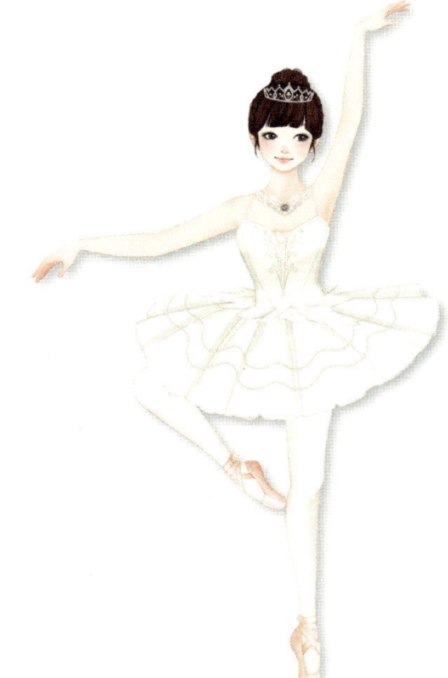

발레리나 의상 디자이너

________________의 디자인북입니다.

(내 사진을 붙여 주세요.)

가장 좋아하는 발레 작품은 ____________입니다.

가장 좋아하는 발레 주인공은 ____________입니다.

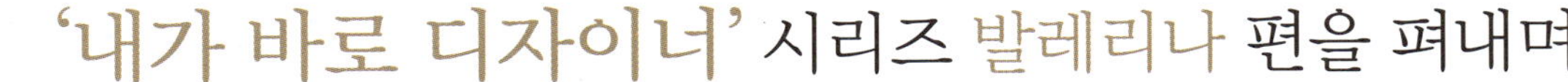

'내가 바로 디자이너' 시리즈 발레리나 편을 펴내며

이번 '발레리나 특별판'은 〈지젤〉, 〈백조의 호수〉, 〈잠자는 숲 속의 공주〉, 〈호두까기 인형〉, 〈로미오와 줄리엣〉 등 잘 알려진 발레 작품 다섯 편을 주제로, 아이들이 아름다움을 느끼고 표현할 수 있도록 만든 책입니다.

발레에 대해 더 잘 이해하고 의상을 만들 수 있도록 발레의 역사부터 발레 의상의 변화, 연습할 때 입는 의상과 실제 무대 의상, 기본적인 발레 동작 등을 책 앞부분에 설명해 주었습니다. 또한 발레리나와 발레리노의 의상을 함께 만들어 볼 수 있게 작품의 줄거리를 실어 남자 주인공이 어떤 역할을 하는지, 어떤 남성상인지 등을 상상하고 생각하게 했습니다. 그리고 패턴지는 좀 더 현실감 있도록 유명한 발레단이 실제로 공연을 할 때 입는 의상들을 참고하여 만들었습니다.

특히 여자라면 누구나 환상을 가질 법한 아름다운 발레의 세계를 통해 미적 감각과 표현력을 키우고, 충만한 행복감을 느끼기 바랍니다.

2013년 봄, 달리 출판사

발레의 역사

발레는 14세기 이탈리아 왕실에서 사교춤으로 시작해 프랑스에서 크게 인기를 얻고, 러시아에서 오늘날의 형태를 갖추게 되었어요.

아마 발레하는 장면을 상상해 보라고 하면 많은 사람들은 무대 위에서 발끝을 세워 나비처럼 가볍게 사뿐사뿐 걷거나 뛰는 발레리나를 떠올릴 거예요. 하지만 발레가 처음 생겼을 당시에는 그런 춤이 없었답니다. 이탈리아에서 사교춤으로 출 때만 해도 발레는 궁중의 남자들이 모여서 함께 추는, 춤의 한 형식일 뿐이었어요. 발끝으로 서는 것을 비롯해 발레의 여러 동작들은 그 뒤로 한참이 지나서 만들어졌어요.

역사적으로 보면 발레가 크게 발전한 시기가 여러 번 있었는데, 그중 하나가 유럽에서 산업 운동이 일어났을 때예요. 팍팍한 현실에 지친 사람들은 예술에서만큼은 환상적인 아름다움을 느끼고, 이를 통해 마음의 위안을 얻고자 했어요. 발레를 하는 무용수들에게서는 신비롭고 아름다운 모습을 보고 싶어 했지요. 그렇게 해서 생긴 것이 바로 앞이 딱딱한 토슈즈와 그 토슈즈를 신고 발끝을 세워 사뿐사뿐 춤을 추는 포인트 기법이에요.

토슈즈와 포인트 기법은 여성 무용수들의 전성기를 열어 주었어요. 여러분이 생각하는, 하늘하늘하고 나풀거리는 의상을 입고 폴짝폴짝 뛰어다니는 아름다운 발레리나의 시대가 시작된 것이지요. 처음 이 포인트 기술을 선보인 발레리나 마리 탈리오니는 꼭 끼는 상의에 폭이 넓은 무릎 길이의 치마를 입었어요. 나중에 좀 더 자세히 알아보겠지만, 이게 바로 '로맨틱 튀튀'예요.

하지만 사람들은 점점 요정처럼 환상적이기만 한 발레리나의 모습에 싫증을 느꼈어요. 안무가들은 훗날 '고전 발레'라 불리는, 체계적이고 성대한 발레를 만들어 내기 시작했어요. 여러분이 크리스마스 때 자주 보러 가는 <호두까기 인형>이나 <잠자는 숲 속의 공주> 같은 발레를요. 무용수 한 명 한 명의 춤사위와 위치를 치밀하게 계산해 관객들이 봤을 때 웅장한 느낌이 들도록 하고, 화려한 안무를 만들기 위해 테크닉을 한층 발전시켰지요. 또한 사람들이 계속해서 흥미를 느낄 수 있도록 줄거리와 상관없는 장면들도 추가했어요. <호두까기 인형>에 보면 중국 인형, 태엽을 감은 인형 등 여러 인형이 번갈아 등장하면서 흥미를 고조시키는 장면이 있는데, 이런 게 바로 줄거리와 상관없이 볼거리를 풍성하게 해 주기 위해 들어간 것이에요. 의상에도 변화가 있었어요. 현란한 테크닉이 돋보이도록 길이가 짧은 '클래식 튀튀'가 등장했어요.

이처럼 발레의 기법과 양식은 시대에 따라 변화하였고, 이런 것들은 발레 의상에 커다란 영향을 미쳤어요. 지금부터는 여러분 마음대로 상상해 자신의 손으로 직접 아름다운 발레 의상을 만들어 보세요!

발레 의상

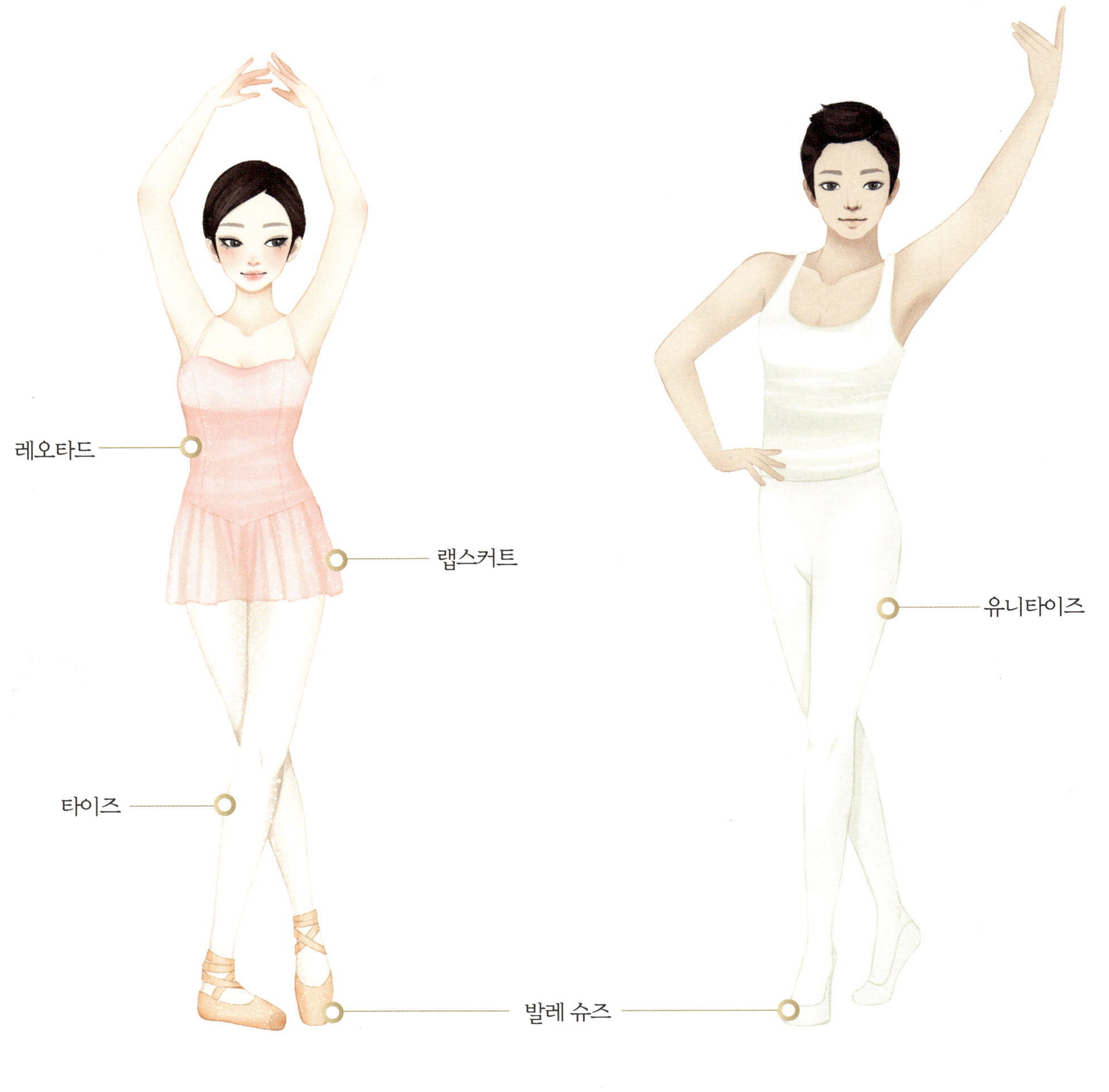

연습복

레오타드 가장 기본적인 연습복이에요. 땀 흡수가 잘 되고 신축성이 뛰어나 동작을 하는 데 불편함이 없고, 몸에 착 달라붙어서 자신의 몸 상태와 동작의 섬세한 차이를 구별하기에 좋아요. 원피스 수영복처럼 생겼는데, 민소매, 반팔, 긴팔 등 모양이 조금씩 다르답니다.

랩스커트 레오타드나 유니타드 위에 입는 옷이에요. 얇고 가벼운 시폰이나 신축성 좋은 스판덱스 등을 사용해 다리의 선과 무릎의 움직임이 잘 보이도록 짧게 만들어요.

타이즈 붕대처럼 다리를 감싸 다리의 선을 더욱 아름답게 보여 주는 것은 물론 근육의 부상을 막는 효과가 있어요.

유니타이즈 남자들은 보통 상의와 하의가 붙어 있고, 발가락 끝까지 감싸 주는 유니타이즈를 많이 입어요.

발레 슈즈 연습할 때 신는 덧신 모양의 신발로, 발이 미끄러지지 않도록 도와주어요. 대개 전체를 가죽으로 만들거나 땀 흡수가 잘 되는 면에 인조 가죽을 바닥에 덧대어 만들지요. 가죽 신발은 뻣뻣해서 구부리는 동작을 할 때 발에 힘을 길러 주지만 값이 비싸고, 면 신발은 부드러워서 동작을 하기에 편하지만 빨리 닳고 때가 많이 타요. 대부분의 여성용 발레 슈즈는 분홍색, 남성용 발레 슈즈는 흰색이랍니다.

여자 무용수의 무대 의상

튀튀 여자 무용수들이 입는 챙이 넓은 치마나 그런 치마가 달린 원피스예요. 길이가 발목 부근까지 내려오는 '로맨틱 튀튀'와 무릎 위로 올라오는 '클래식 튀튀'가 있어요. 얇고 가벼운 천을 여러 번 덧대어 만들어서 여자 무용수를 더욱 화려하고 아름답게 보이도록 한답니다.

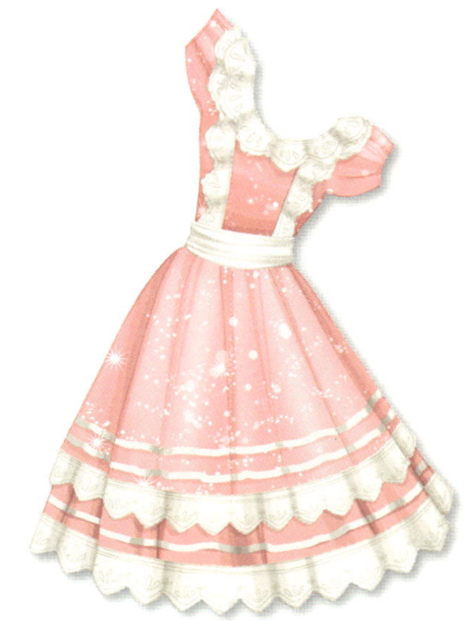

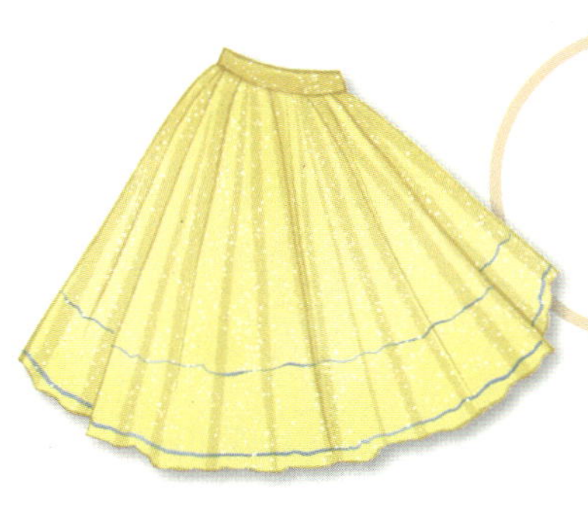

로맨틱 튀튀 토슈즈와 함께 18세기에 처음 등장한 로맨틱 튀튀는 넓게 퍼지면서 발목 부근까지 와요. 그동안 발끝까지 오는 치렁치렁한 치마에 굽이 달린 구두를 신던 여자 무용수들은 로맨틱 튀튀 덕분에 환상적이고 아름다운 모습을 표현할 수 있게 되었지요. <지젤>에 등장하는 로맨틱 튀튀가 유명해요.

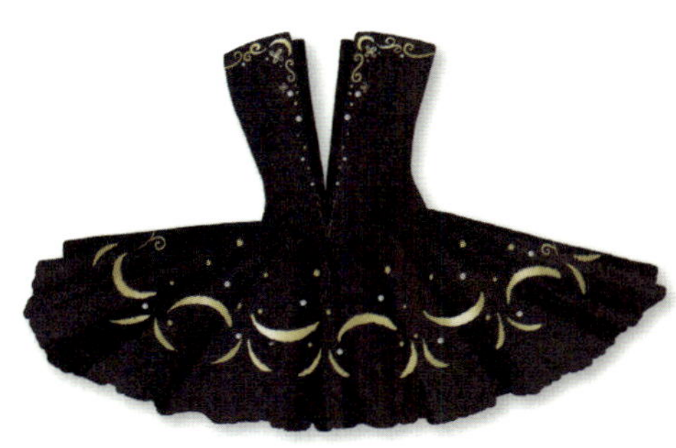

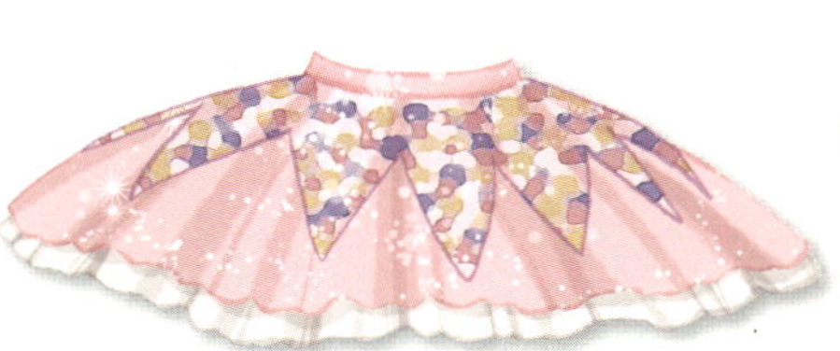

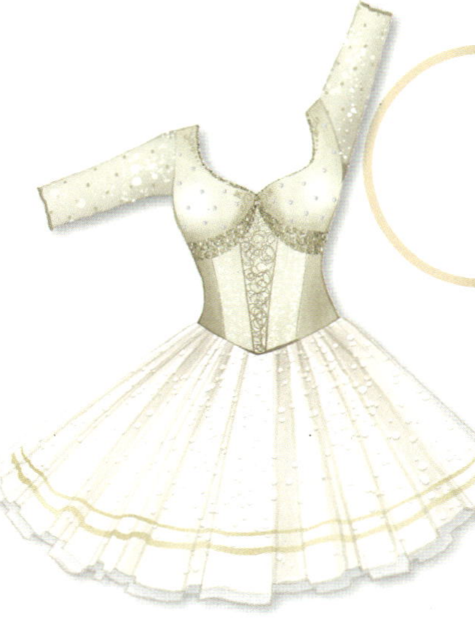

클래식 튀튀 클래식 튀튀는 팬케이크 모양과 종 모양으로 나뉘는데, 팬케이크 모양이 길이가 좀 더 짧고, 치마가 수직으로 서 있어요. 종 모양은 팬케이크 모양보다 길이가 길고 나풀거리고요. 발레리나 그림으로 유명한 프랑스 화가 드가의 그림에 등장하는 튀튀는 거의가 종 모양이고, <잠자는 숲 속의 공주>의 주인공인 오로라 공주가 입고 나오는 튀튀는 팬케이크 모양이랍니다.

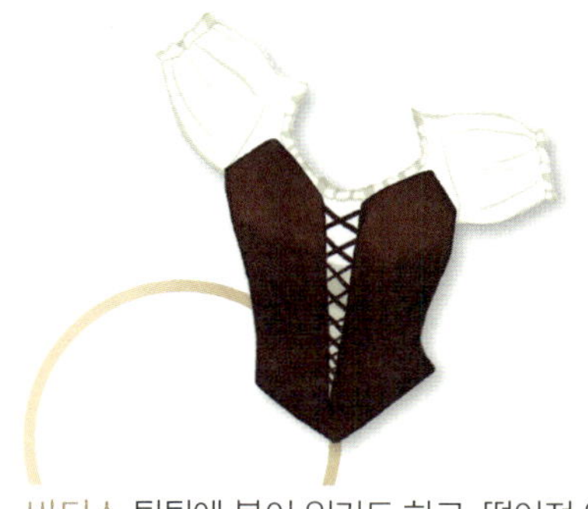

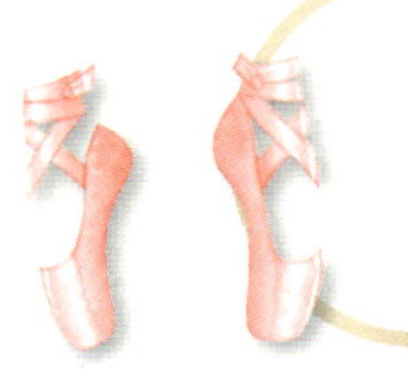

토슈즈 여성 무용수들이 주로 공연을 할 때 신는 신발이에요. 발끝으로 섰을 때 균형을 잘 잡을 수 있도록 신발 앞쪽에 종이를 여러 겹 겹쳐 딱딱하게 만들어요. 또한 몸의 무게가 잘 분산되도록 발등 위로는 가로질러 맬 수 있는 끈을 두 개 달아요. 토슈즈 덕분에 발끝을 모아 추을 추는 포인트 기법이 유행하면서 여성 무용수의 전성기가 시작되었어요.

바디스 튀튀에 붙어 있기도 하고, 떨어져 있기도 해요. 붙어 있는 것이 원피스형, 떨어져 있는 것이 투피스형이에요. <지젤> 1막에 등장하는 코르셋 모양의 바디스가 유명해요.

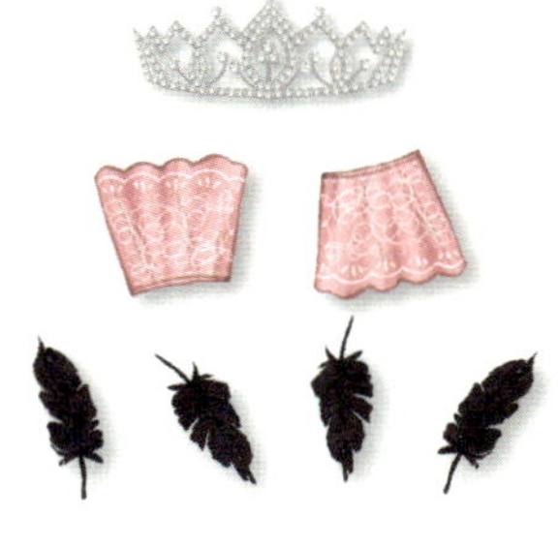

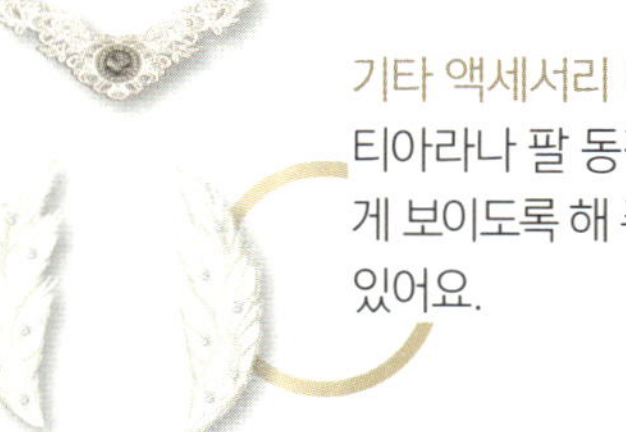

기타 액세서리 머리에 쓰는 티아라나 팔 동작을 더욱 우아하게 보이도록 해 주는 팔토시 등이 있어요.

기본 동작

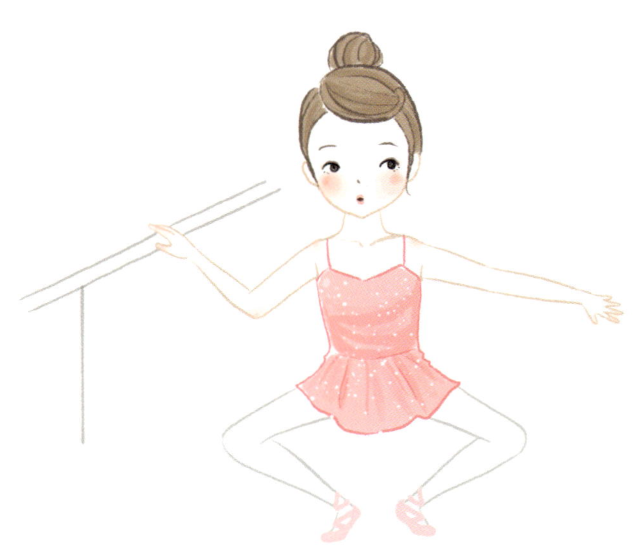

그랑 플리에(Grand plié)

골반부터 양쪽 허벅지, 무릎, 종아리, 발목, 발이 각각 바깥을 향하는 자세를 턴아웃이라고 해요. 턴아웃을 한 채로 무릎을 크게 구부리는 동작이에요.

플리에란? '구부리다, 굽히다'라는 뜻이에요. 무릎을 얼마나 구부렸느냐에 따라 '그랑 플리에'와 '드미 플리에'로 나눠요.

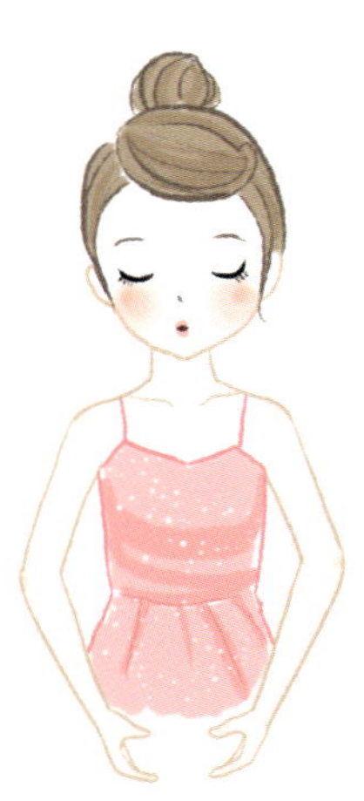

앙 바(En Bas)

양팔을 배꼽 아래쪽으로 둥글게 모으는 자세예요.

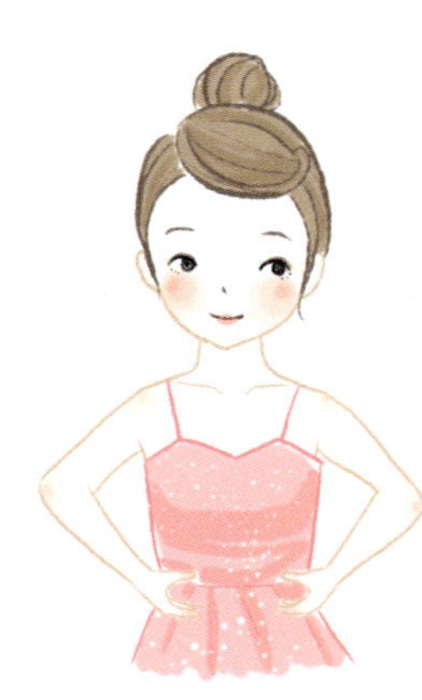

아나방(En Avant)

손가락을 모은 채 양팔을 둥글게 모아 윗배 앞에 두는 자세예요.

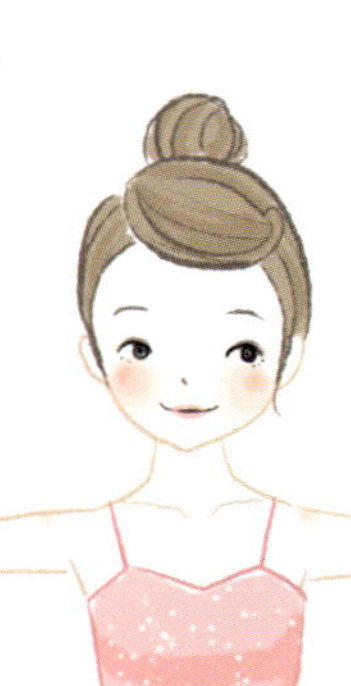

알 라 스공드
(Á la Second)

양팔을 일직선으로 길게 쭉 펴는 자세예요.

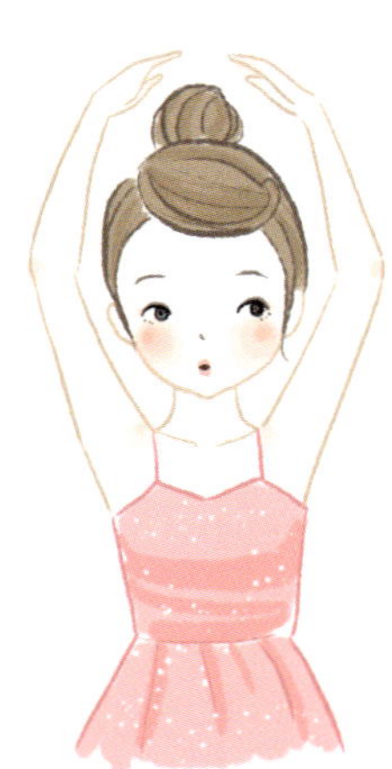

앙 오(En Haut)

양 팔을 위로 올려 기다란 원을 그리듯 모은 자세예요.

기본 동작

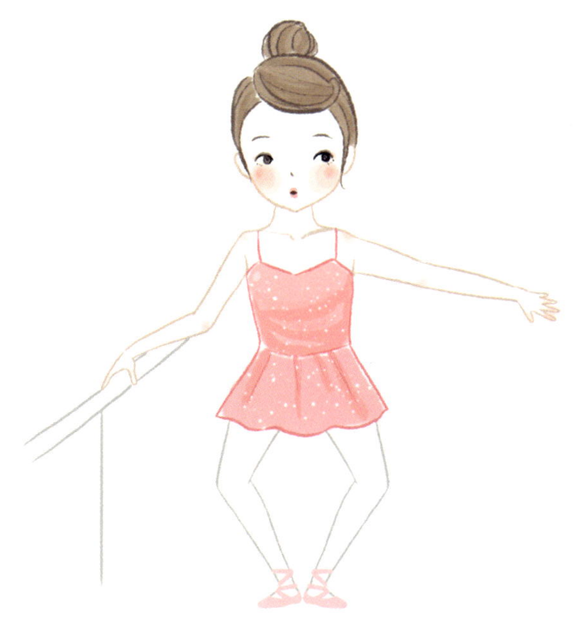

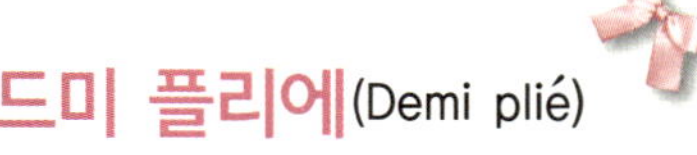

드미 플리에(Demi plié)

그랑 플리에와 비슷해요. 하지만 무릎을 크게 구부리지 않고
반 정도만 구부리는 동작이에요.

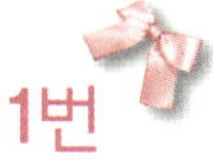 1번

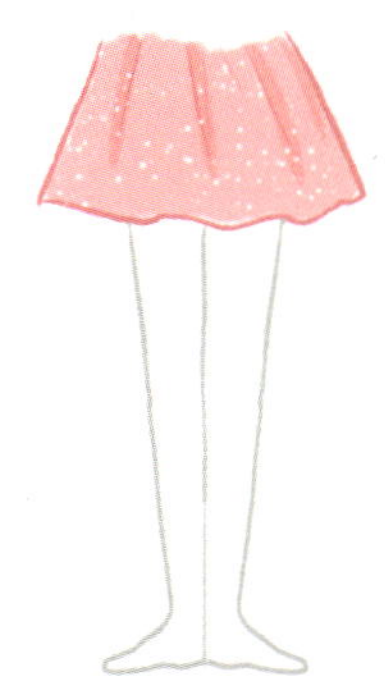

골반부터 양쪽 허벅지, 무릎, 종아리, 발목, 발이 각각 바깥을
향하게 한 채 두 다리를 꼭 붙여 턴아웃 자세를 만드세요.

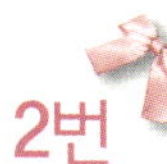 2번

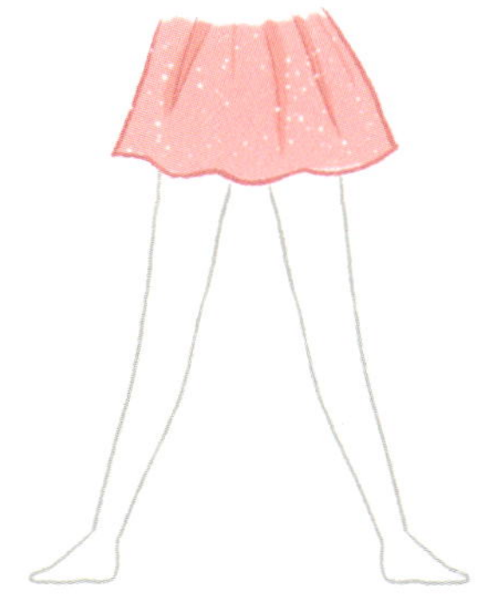

턴아웃을 한 상태에서, 어깨너비만큼의 간격을 두고
두 발을 벌려요.

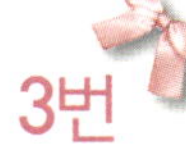 3번

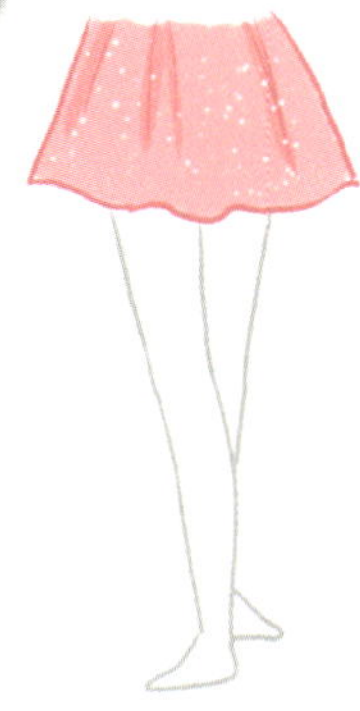

양쪽 발을 바깥으로 돌린 채 한쪽
뒤꿈치를 다른 쪽 발 중간쯤에 붙여요.

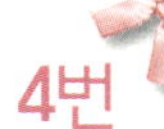 4번

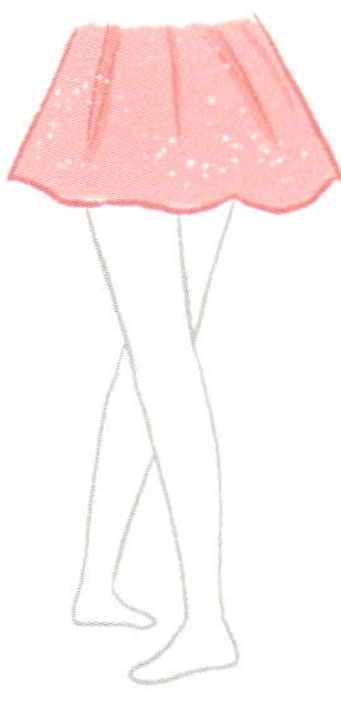

발 하나 정도의 간격을 두고 한쪽 발을
다른 쪽 발 앞에 평행하게 두어요.

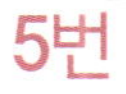 5번

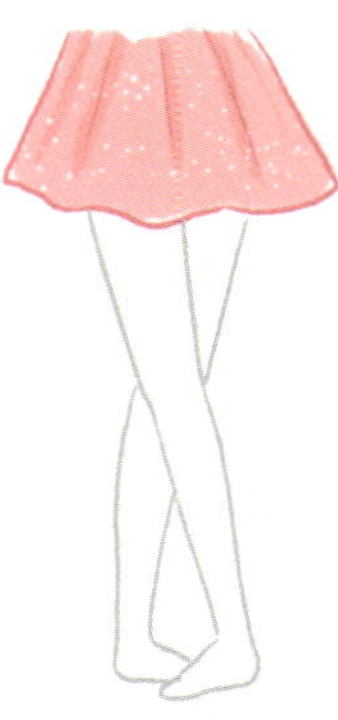

양쪽 발을 바깥으로 돌린 채 한쪽
뒤꿈치를 다른 쪽 발가락에 붙여요.

<지젤>

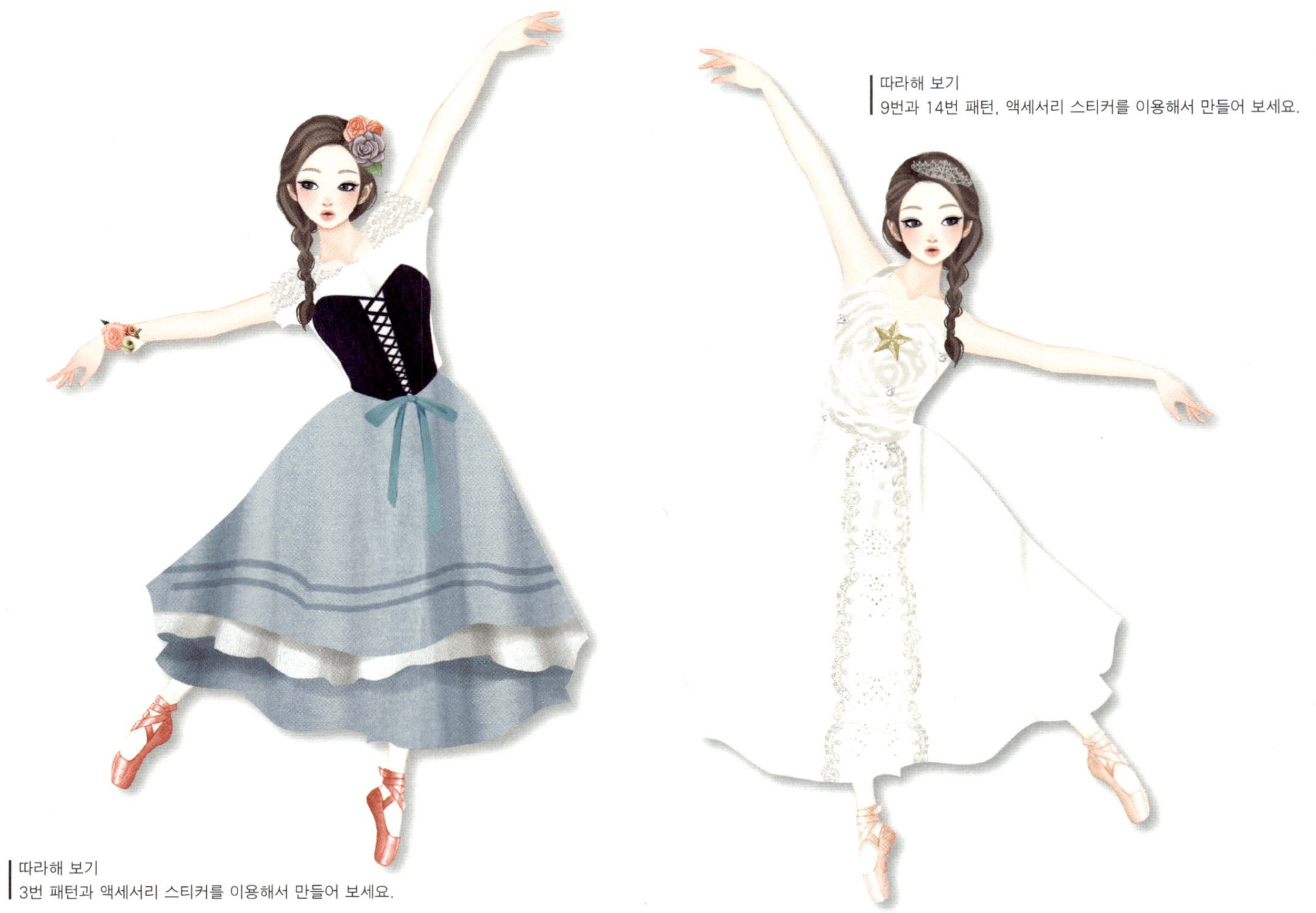

발랄하고 어여쁜 아가씨 지젤은 마을 축제에서 춤을 추다가 처음 보는 청년 알브레히트와 사랑에 빠져요. 하지만 이를 질투한 사냥꾼 힐라리온이 사실 알브레히트는 귀족이며, 약혼녀가 있다는 사실을 지젤에게 알리고, 지젤은 놀라고 슬픈 마음에 이성을 잃고 끝내 죽음을 맞이하고 말지요. 칠흑같이 어두운 밤이 되자 묘지에서는 처녀 귀신인 윌리들의 여왕 미르타가 나타나 무덤에 잠든 지젤을 불러냅니다. 그러고는 지젤의 묘에 찾아온 알브레히트를 유혹해 그가 죽을 때까지 함께 춤을 추라고 명령하지요. 알브레히트는 가여운 영혼이 된 지젤과 함께 춤을 추다 기진맥진한 상태에 이르러요. 이때, 새벽을 알리는 종소리가 들리자 윌리들은 황급히 사라지고, 지젤은 알브레히트를 위해 미르타에게 간곡히 자비를 청해요. 마르타는 자신의 생각을 굽히려 하지 않았지만, 알브레히트를 향한 지젤의 사랑 때문에 더 이상 힘을 쓸 수가 없었지요. 날이 밝아 오자 지젤은 쓰러진 알브레히트를 한 번 안아 주고는 무덤으로 사라졌어요. 자신의 목숨을 구해 주고 사라져 가는 지젤을 바라보며, 알브레이트는 다시 한 번 깊은 슬픔에 빠지고 맙니다.

의상 특징 노랑, 파랑 등 화사하고 선명한 색깔의 바디스를 입고 춤을 추는 발랄한 지젤과 순백색의 로맨틱 튀튀를 입은, 슬픔에 빠진 지젤을 표현해 보세요.

관람 포인트 봄날 같은 사랑의 달콤함에 행복해하는 지젤, 사랑을 이루지 못해 깊은 슬픔에 빠진 지젤.

<백조의 호수>

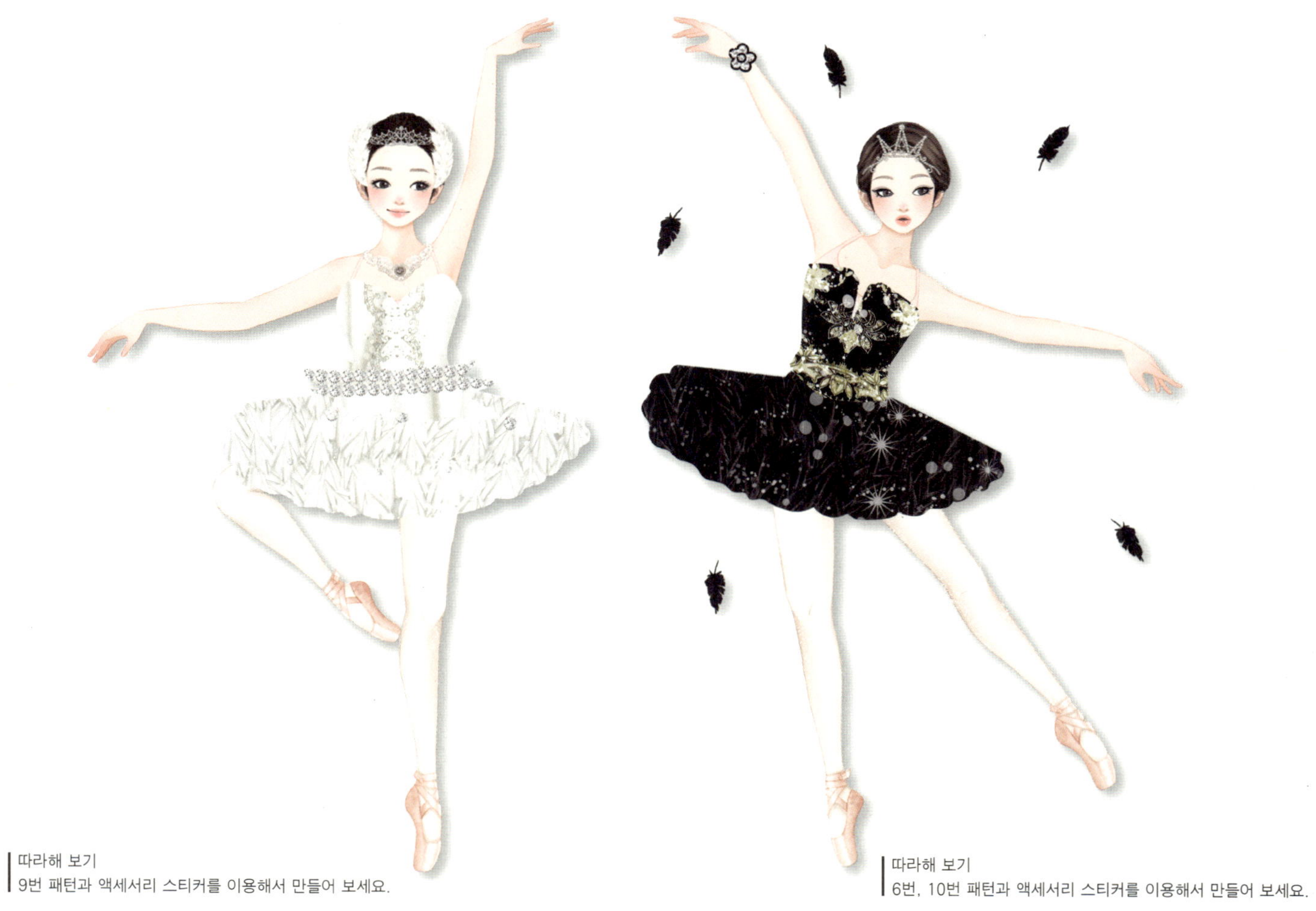

따라해 보기
9번 패턴과 액세서리 스티커를 이용해서 만들어 보세요.

따라해 보기
6번, 10번 패턴과 액세서리 스티커를 이용해서 만들어 보세요.

왕자의 20세 생일날, 아가씨들과 즐겁게 춤을 추는 왕자와 친구들 앞에 여왕이 나타나 칼을 선물로 주어요. 사람들이 모두 돌아간 뒤, 우연히 백조가 날아가는 것을 본 왕자는 백조를 쫓아 숲 속의 호수까지 가지요. 그리고 그곳에서 인간의 모습으로 변하는 오데트 공주를 보고는 한눈에 반해요. 한 사람의 변치 않는 사랑을 받아야만 풀리는 악마의 마법에 걸린 공주에게 왕자는 다음 날 있을 무도회에서 결혼을 발표하기로 약속을 하고 헤어지지요. 이튿날, 무도회가 열리자 악마 로트바르트가 오데트와 닮은 자기 딸 오딜을 데리고 나타났어요. 오딜을 오데트로 착각한 왕자는 영원한 사랑을 약속하며 결혼을 선언하고 말았어요. 그러자 로트바르트는 이때다, 하고 본색을 드러냈지요. 왕자는 자신이 악마에게 속았다는 것을 깨닫고 오데트의 용서를 구하러 바로 호수로 달려갔어요. 그리고 오데트에게 용서를 빌었어요. 오데트가 왕자에게 '당신을 용서한다'고 말하는 순간, 오데트는 마법에서 풀려나고, 두 사람은 서로를 향한 사랑을 확인합니다.

의상 특징 오데뜨(백조)와 오딜(흑조)의 의상을 만들 때 가장 신경 써야 할 것은 오데뜨의 순백의 순수함과 오딜의 사악한 화려함이 서로 강렬한 대비를 이루도록 해야 한다는 점이에요. 그래서 보통 오데뜨의 의상은 하얀색에 하얀 깃털 등으로 은은하게 장식하고, 오딜의 의상은 검은색에 검은 깃털에 금색과 빨간색 등 선명한 색상과 다양한 장신구를 사용해 화려함을 극대화시킨답니다. 여러분도 하얀 깃털과 검정 깃털 패턴 등을 이용하여 서로 다른 느낌의 발레 의상을 만들어 보세요.

관람 포인트 오데트(백조)와 오딜(흑조)의 대조적인 의상과 표정, 동작.

<잠자는 숲 속의 공주>

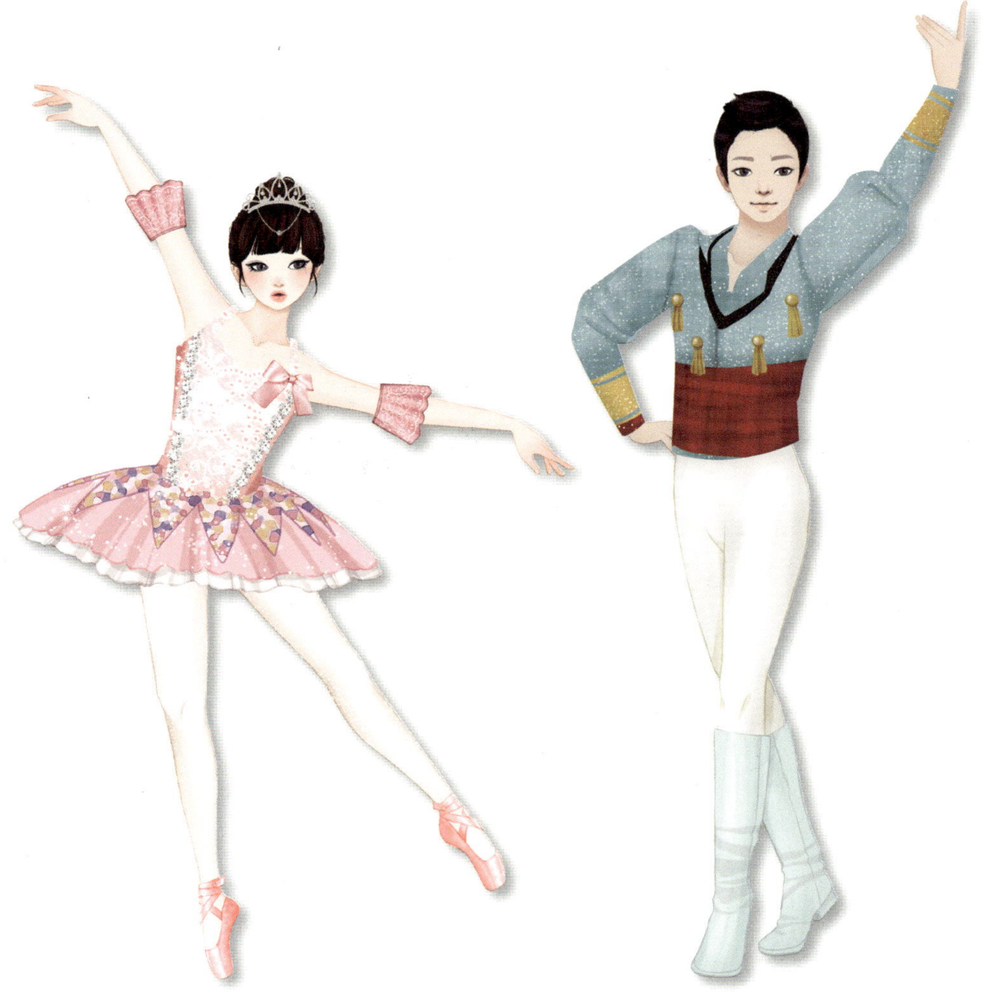

오랫동안 아이가 없어 슬퍼하던 왕과 왕비에게서 공주가 태어났어요. 왕은 기뻐하며 공주의 탄생 축하 파티를 열고, 나라의 모든 요정들을 초대했지요. 그런데 파티가 끝날 즈음, 초대받지 못한 요정 카라보스가 나타났어요. 그러고는 오로라 공주가 16살이 되면 물레에 손가락을 찔려 100년 동안 잠이 들 것이라고 저주를 내리고 사라졌답니다. 왕은 저주를 피하기 위해 온 나라의 물레를 싹 없앴지만, 공주는 할머니로 변장한 카라보스에게 속아 결국 물레에 손가락을 찔리고, 성과 함께 깊은 잠에 빠지고 말았어요. 그렇게 100년이 지난 어느 날, 사냥을 하던 데자이어 왕자는 깊은 잠에 빠진 고요한 성을 발견했어요. 강한 호기심을 느낀 왕자는 성 안으로 들어갔다가 잠들어 있는 아름다운 오로라 공주를 보았어요. 그리고 공주에게 한눈에 반해 공주의 입술에 살며시 키스를 했지요. 왕자의 키스에 잠에서 깨어난 공주는 사람들의 축하를 받으며 왕자와 성대한 결혼식을 올렸답니다.

의상 특징 <잠자는 숲 속의 공주>의 오로라 공주 의상은 클래식 튀튀의 대표적인 예로 잘 알려져 있어요. 치마가 거의 수직으로 서 있고, 보석이 많이 박혀 있답니다. 오로라 공주의 순수함과 천진난만함, 그리고 아름다움을 표현할 흰색이나 핑크색, 연한 파스텔 톤 패턴지로 클래식 튀튀를 만들어 보세요.

관람 포인트 화려하고 여성스러운 의상, 귀엽고 앳된 공주의 이미지를 강조하기 위해 위로 향하는 손끝과 머리, 그리고 시선.

<호두까기 인형>

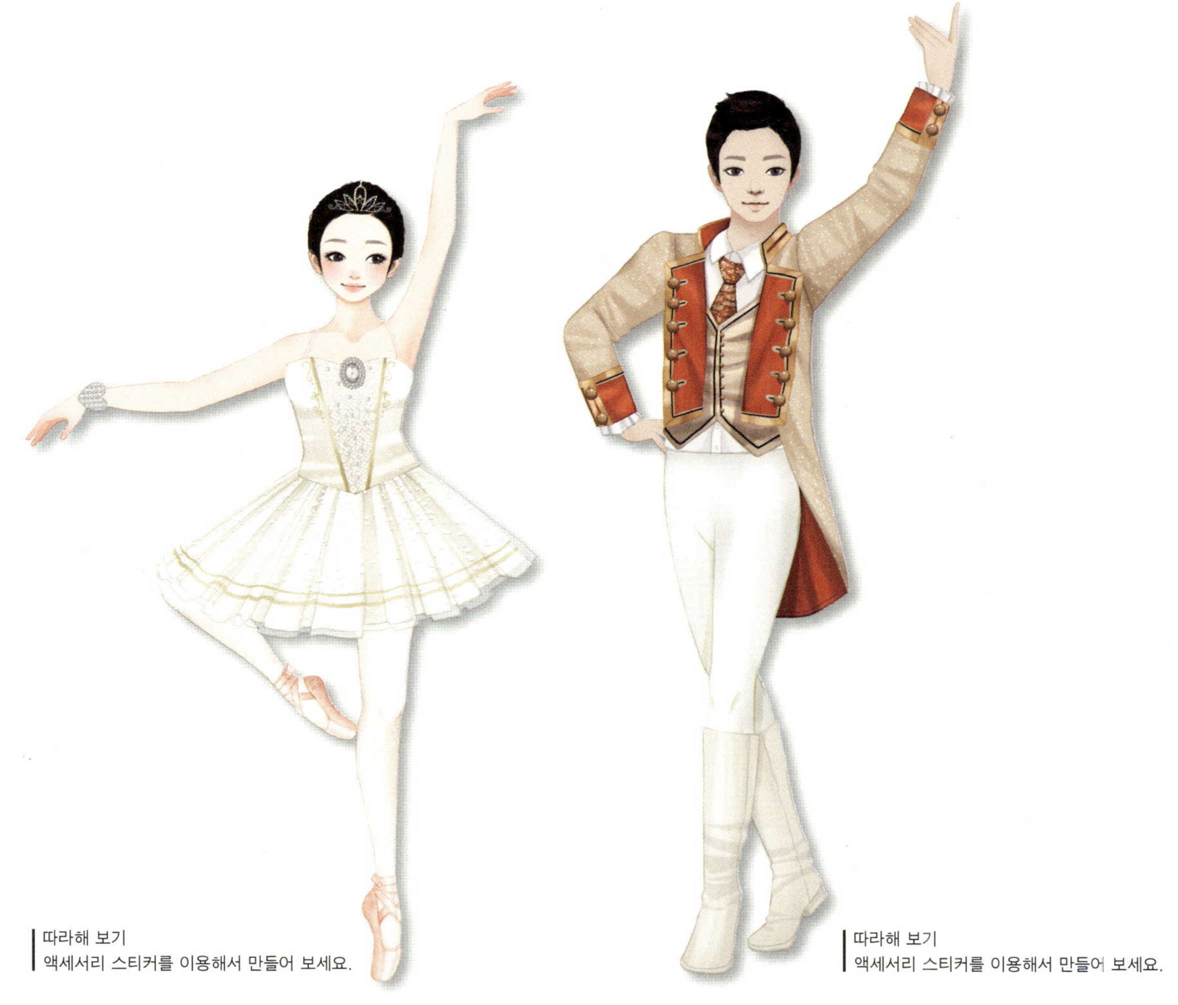

| 따라해 보기
| 액세서리 스티커를 이용해서 만들어 보세요.

| 따라해 보기
| 액세서리 스티커를 이용해서 만들어 보세요.

크리스마스이브, 마리는 호두까기 인형을 선물로 받았어요. 오빠 프리츠는 마리의 호두까기 인형으로 장난을 치다 인형을 망가뜨리고, 마리는 망가진 인형을 안고 잠이 들었어요. 마리가 잠들자마자 거실에서는 인형들과 쥐들의 전쟁이 벌어졌어요. 그리고 호두까기 인형은 쥐의 왕과 결투를 벌이다 위험에 빠지고 말았지요. 이때 마침 잠에서 깬 마리는 그 모습을 보고 쥐들을 물리쳐 주었어요. 위기에서 벗어난 호두까기 인형은 멋진 왕자로 변신해 마리를 크리스마스 랜드로 데리고 갔지요. 장난감 인형들은 마리와 왕자를 따라갔어요. 크리스마스 랜드로 가는 길에 마리와 왕자는 눈송이들과 춤도 추고, 배도 타며 즐거운 시간을 보냈어요. 마리는 왕자와 결혼식도 올리지만……. 모든 것은 꿈이었어요! 호두까기 인형을 품에 안은 마리는 들뜬 마음으로 크리스마스 아침을 맞이합니다.

의상 특징 <호두까기 인형>의 주인공 마리는 로맨틱 튀튀, 클래식 튀튀 외에도 긴팔에 거의 발끝까지 오는 잠옷 차림으로 나오기도 해요. 크리스마스 파티, 결혼식, 꿈을 꾸는 장면 등 상황에 따라 다른 발레 의상을 만들어 보세요. 장난감 병정에서 왕자로 변한 발레리노의 의상도 함께요!

관람 포인트 여러 인형들이 함께 추는 디베르티스망, 마리와 왕자가 함께 추는 그랑 파드되.

<로미오와 줄리엣>

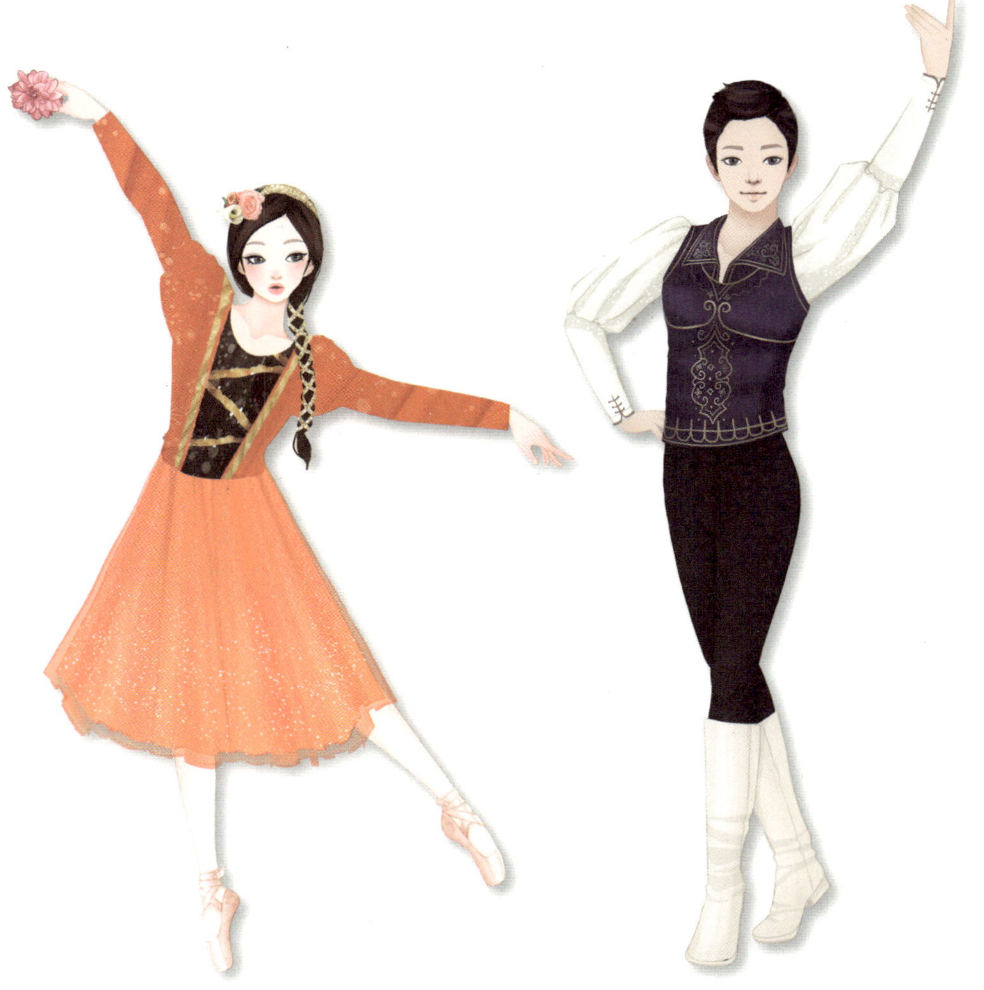

따라해 보기
11번 패턴과 액세서리 스티커를 이용해서 만들어 보세요.

따라해 보기
액세서리 스티커를 이용해서 만들어 보세요.

몬터규 가문의 로미오는 원수 집안인 캐퓰렛 가문의 가면무도회에 갔다가 줄리엣을 만났어요. 그리고 사랑에 빠졌어요. 로렌스 신부의 주례로 두 사람은 몰래 결혼식을 올리지만, 로미오는 큰 싸움에 휘말리며 줄리엣의 친척인 티볼트를 죽이게 되고, 이 일로 추방을 당하고 말았어요. 줄리엣은 아버지에게 결혼을 강요당하자 로렌스 신부를 찾아갔어요. 그러자 로렌스 신부는 마시면 죽은 듯이 잠에 빠지는 약을 줄리엣에게 주었어요. 줄리엣이 약을 마시고 잠들자, 사람들은 줄리엣이 죽은 줄 알고 장례를 치릅니다. 줄리엣과 로렌스 신부의 계획을 미처 알지 못했던 로미오는 그 소식을 듣고 절망에 빠져 줄리엣의 묘를 찾아가 독약을 마셔 버렸어요. 시간이 지나 잠에서 깬 줄리엣은 죽은 로미오를 보고 자신도 단검으로 죽음을 택했어요. 로렌스 신부로부터 모든 이야기를 들은 몬터큐와 캐퓰렛 가문은 눈물로 후회하며 화해를 합니다.

의상 특징 셰익스피어가 쓴 <로미오와 줄리엣>은 14~15세기 이탈리아를 배경으로 하고 있는데, 그 당시에는 팔에 퍼프가 들어간 의상이 유행했어요. 하지만 프로코피예프라는 작곡가가 만든 이 발레 음악이 현대적인 느낌이 강해서 현대 무용으로 재해석하는 발레단도 많답니다. 이런 경우에는 주로 단순한 무채색에 몸의 선이 드러나는 달라붙은 의상을 입어요. 고전적으로 혹은 현대적으로, 다양하게 발레 의상을 만들어 보세요.

관람 포인트 줄리엣이 사랑하는 로미오와 함께 추는 파드되, 사랑하지 않는 약혼자와 추는 파드되.

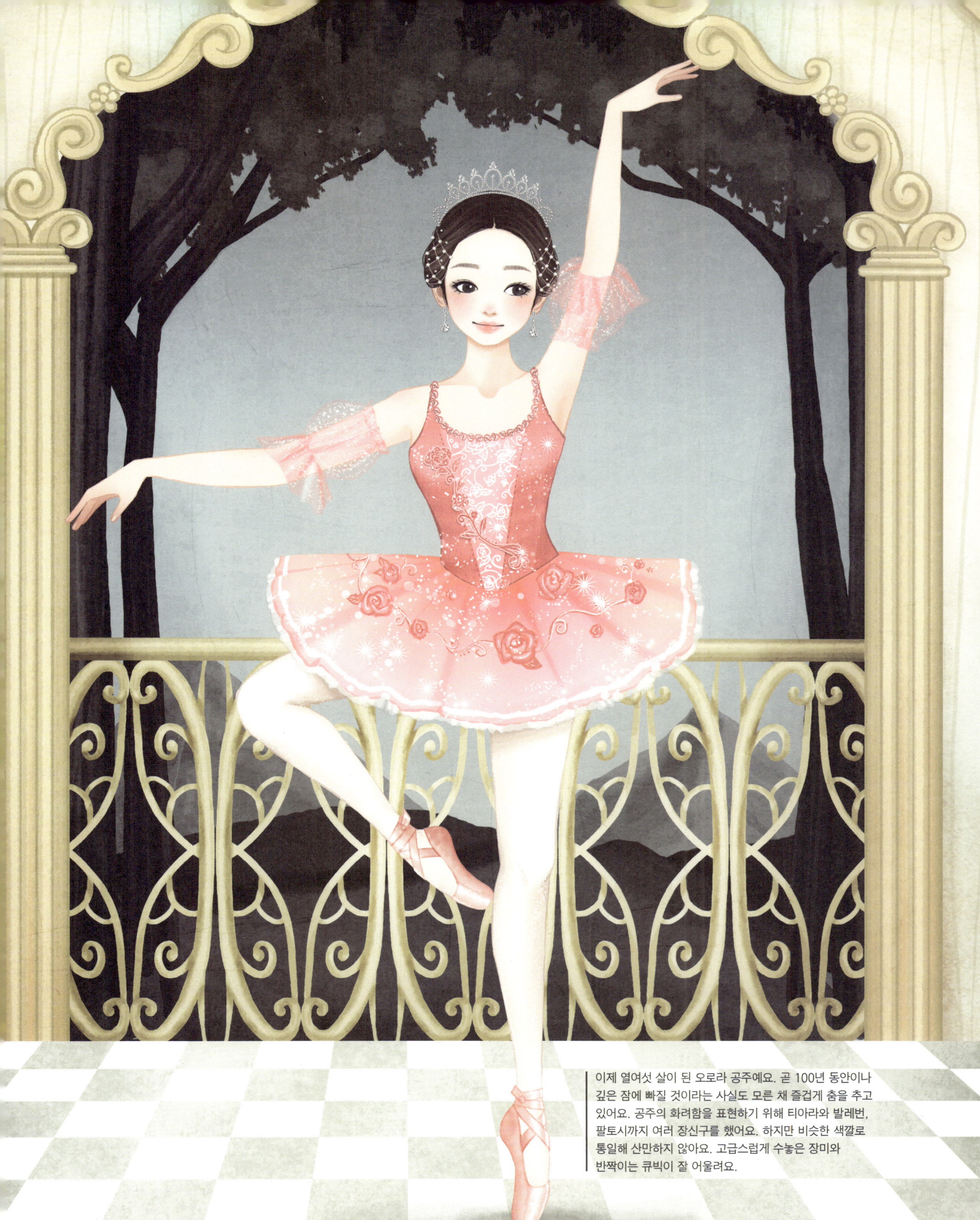

이제 열여섯 살이 된 오로라 공주예요. 곧 100년 동안이나 깊은 잠에 빠질 것이라는 사실도 모른 채 즐겁게 춤을 추고 있어요. 공주의 화려함을 표현하기 위해 티아라와 발레번, 팔토시까지 여러 장신구를 했어요. 하지만 비슷한 색깔로 통일해 산만하지 않아요. 고급스럽게 수놓은 장미와 반짝이는 큐빅이 잘 어울려요.

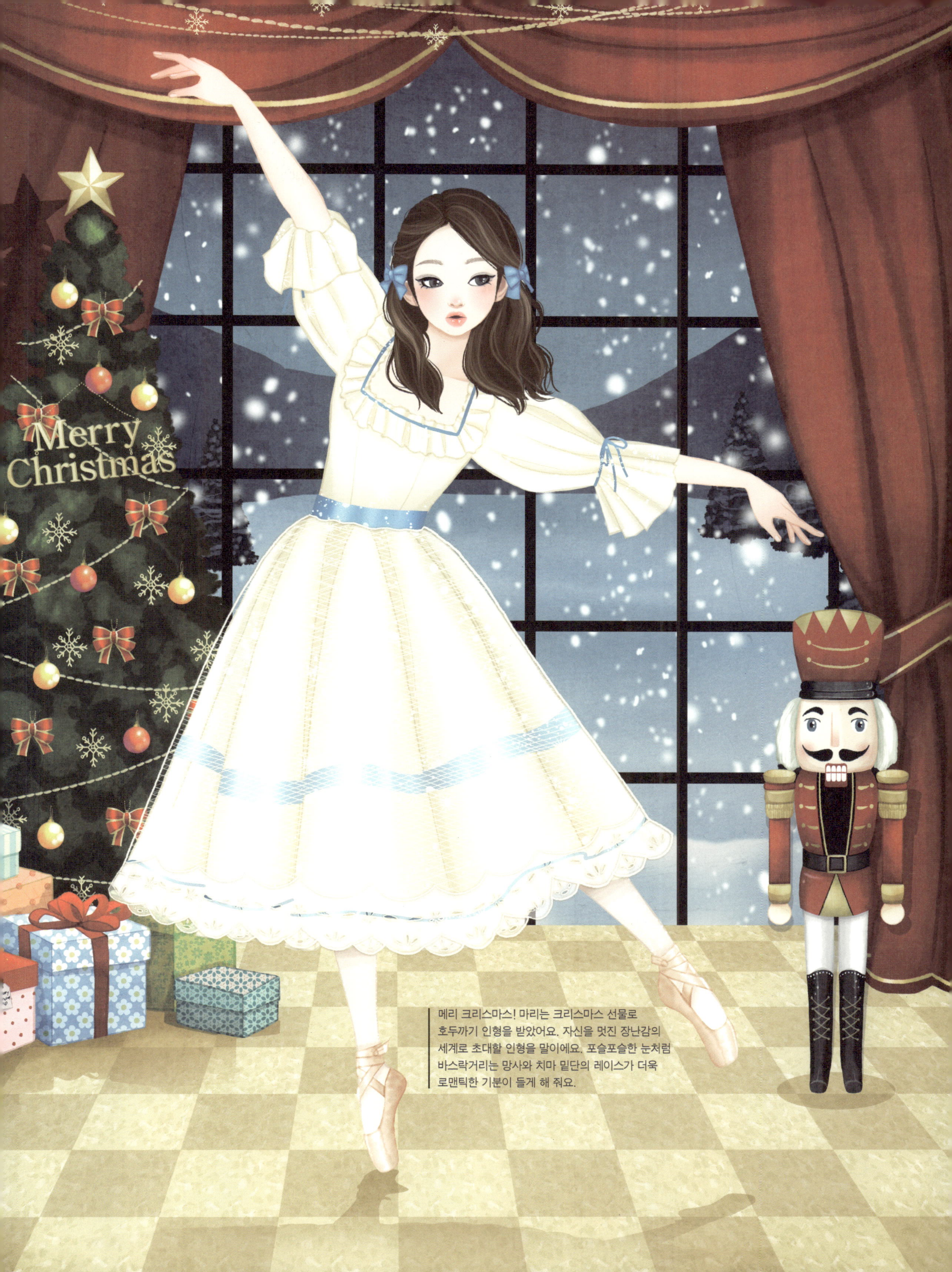

메리 크리스마스! 마리는 크리스마스 선물로
호두까기 인형을 받았어요. 자신을 멋진 장난감의
세계로 초대할 인형을 말이에요. 포슬포슬한 눈처럼
바스락거리는 망사와 치마 밑단의 레이스가 더욱
로맨틱한 기분이 들게 해 줘요.

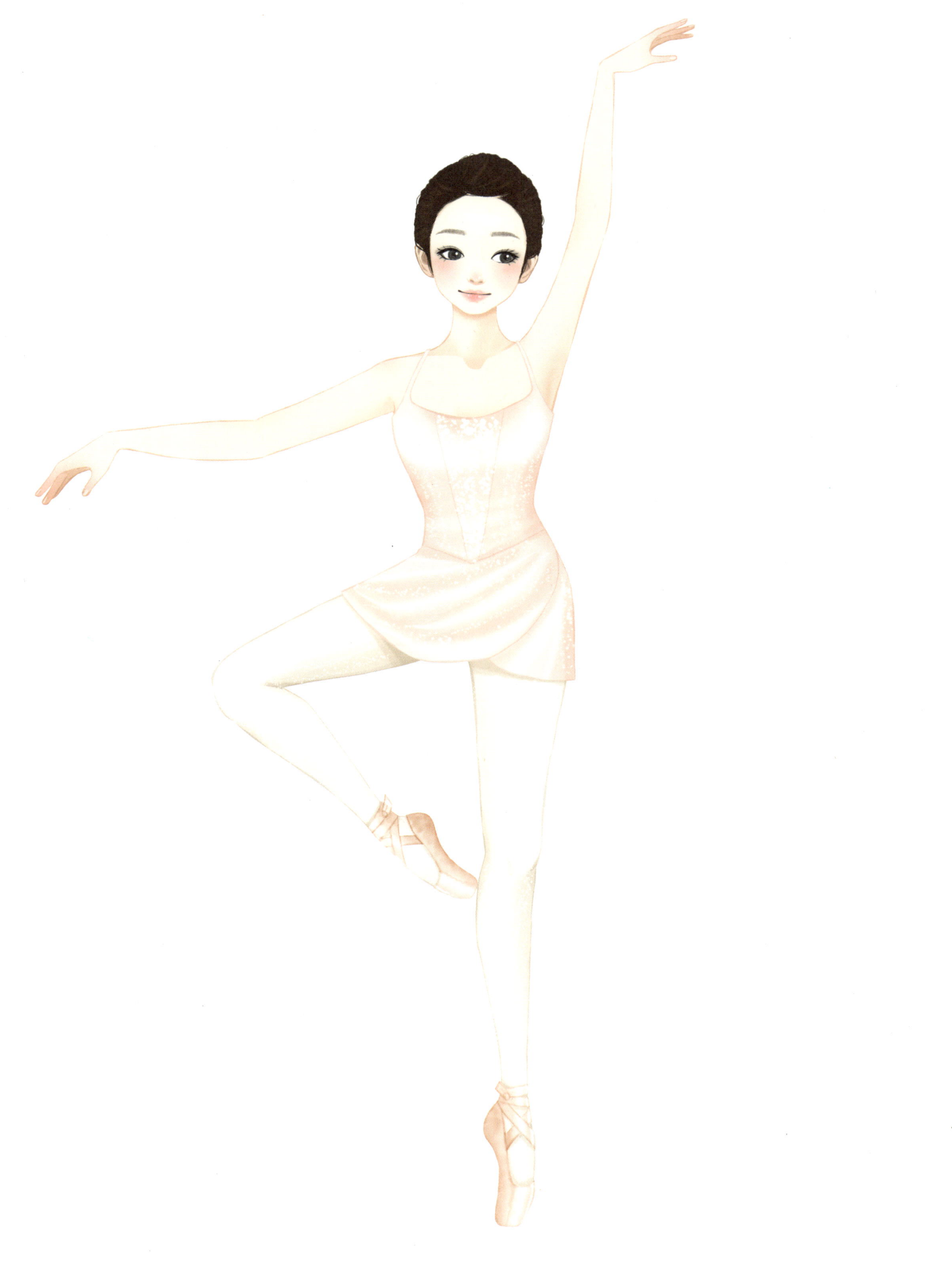

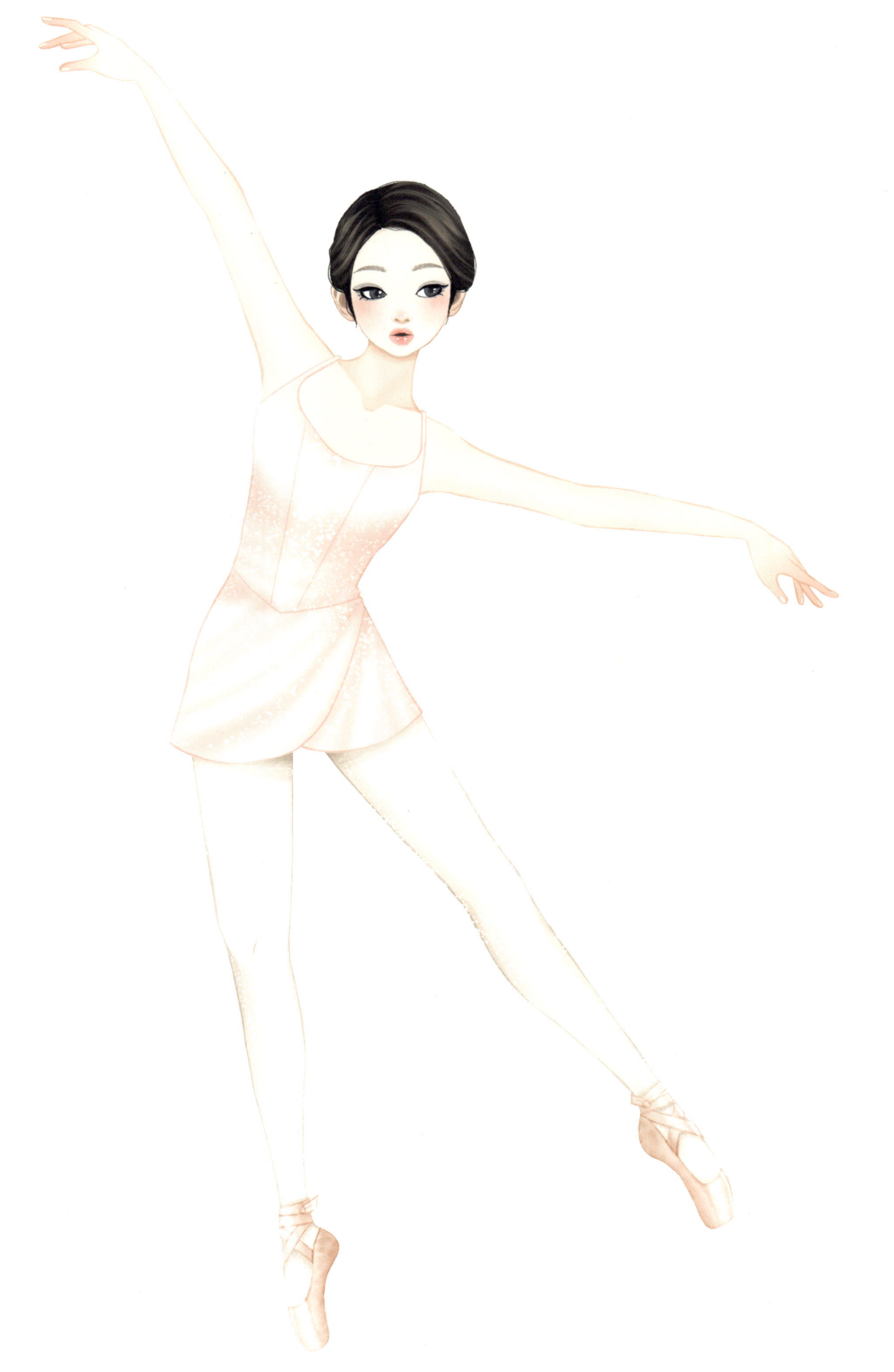

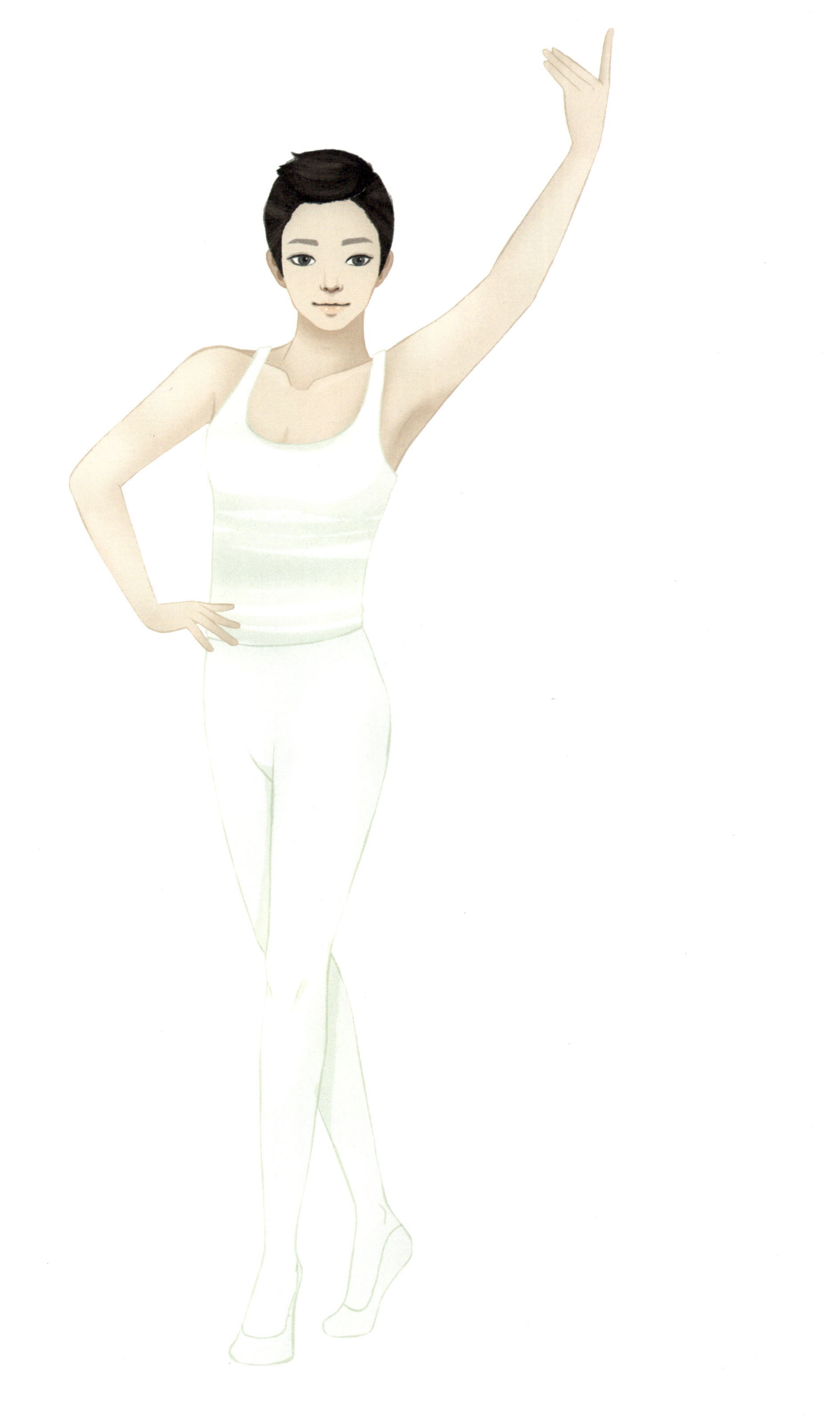

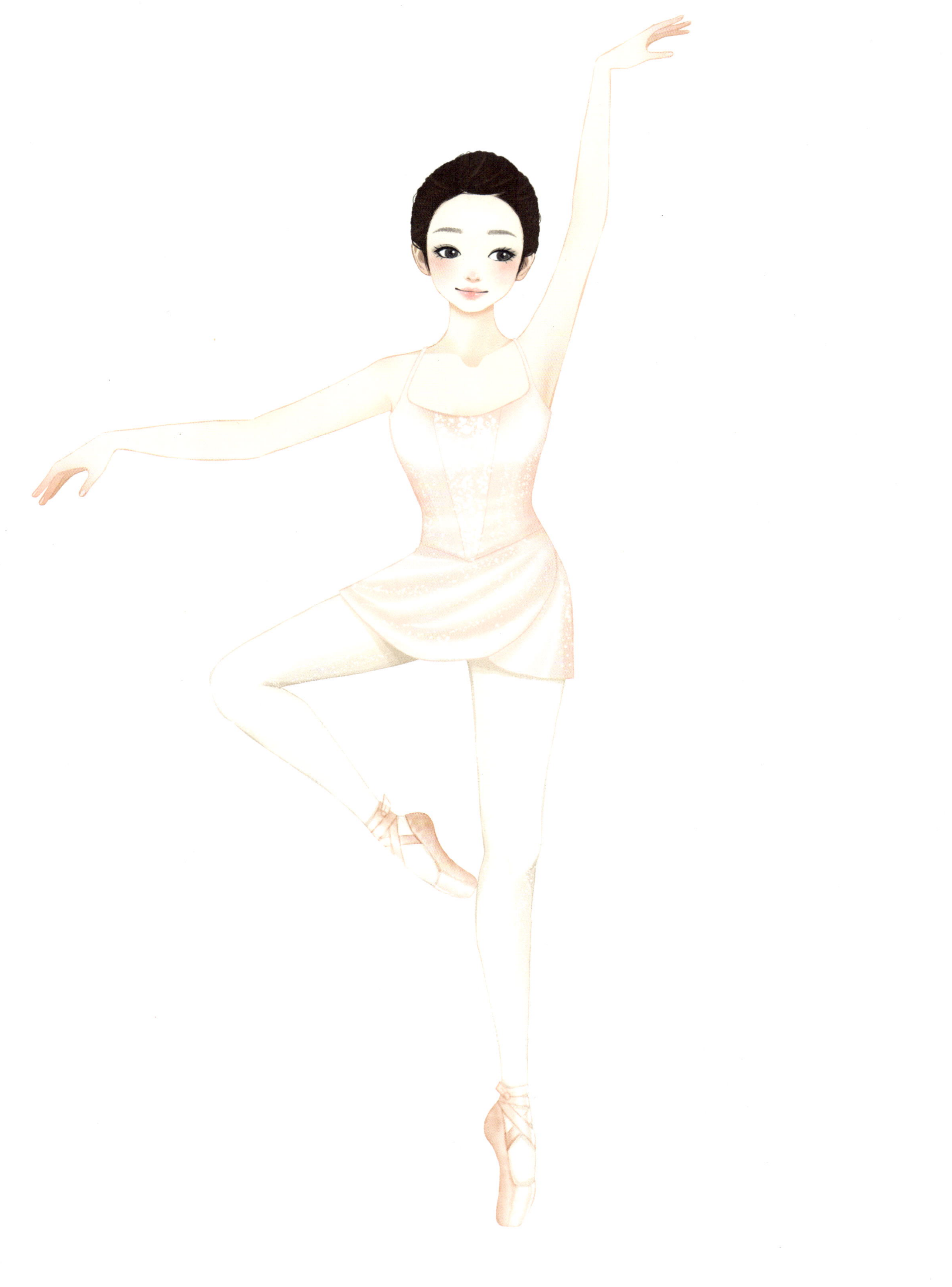

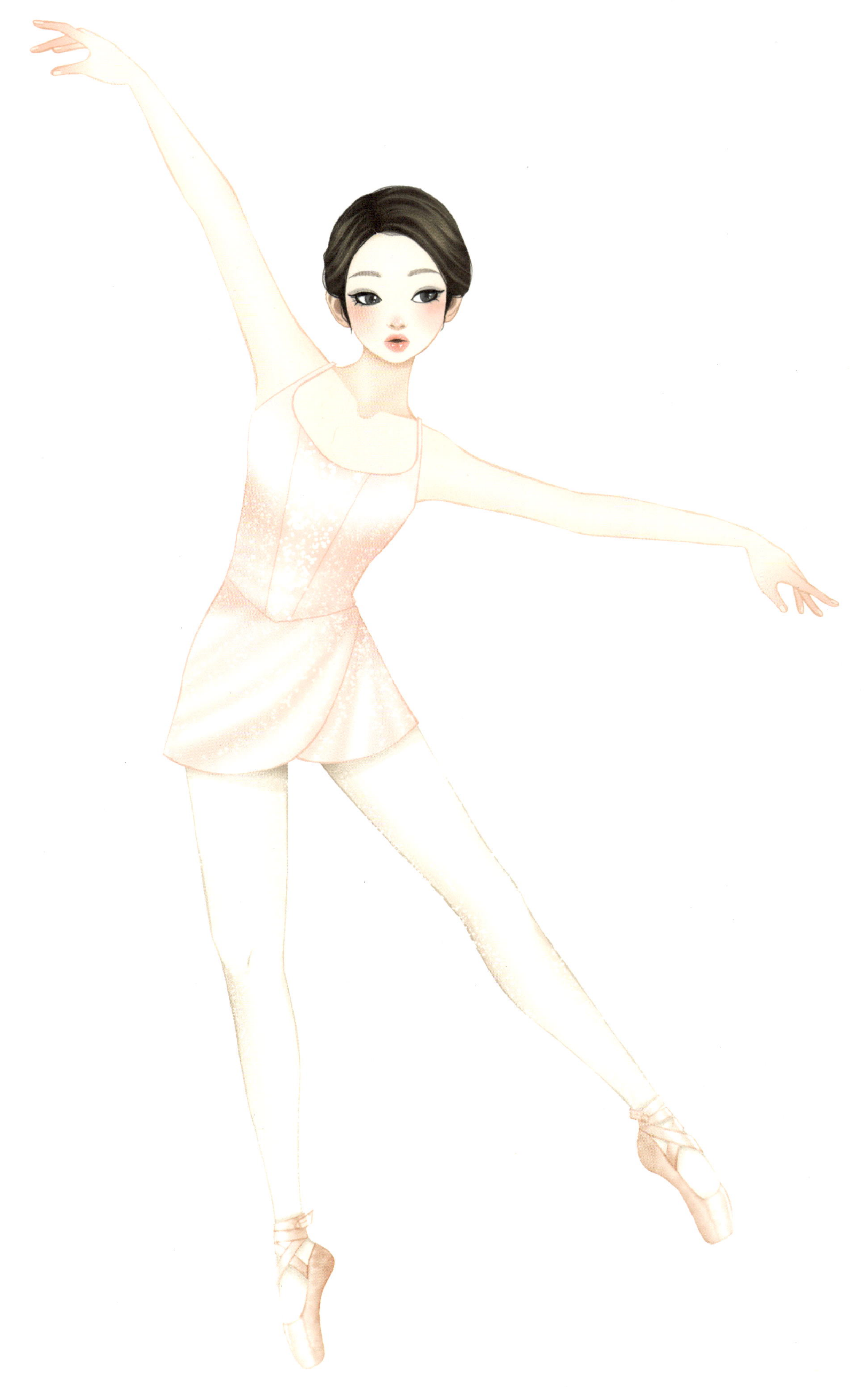

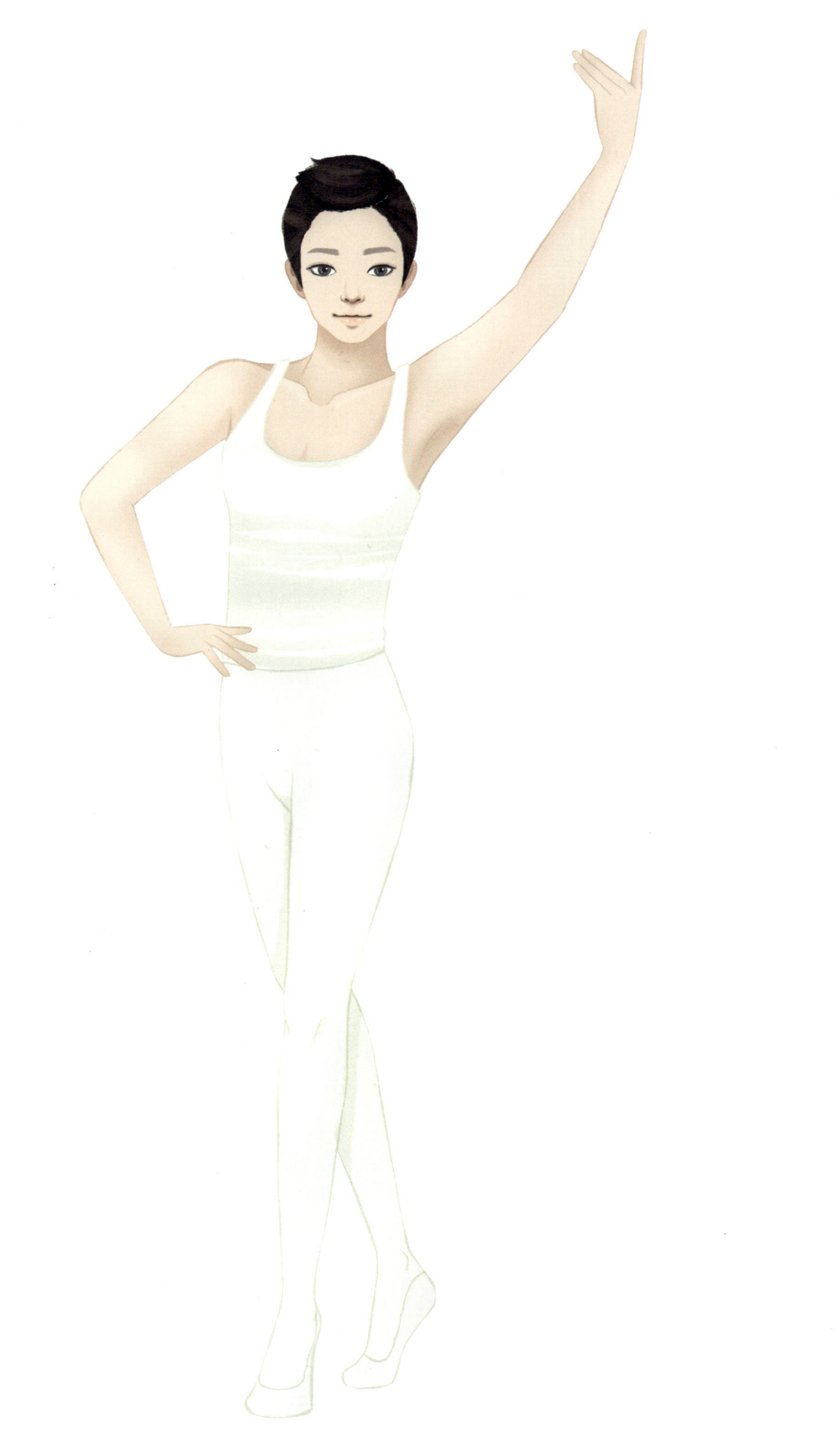

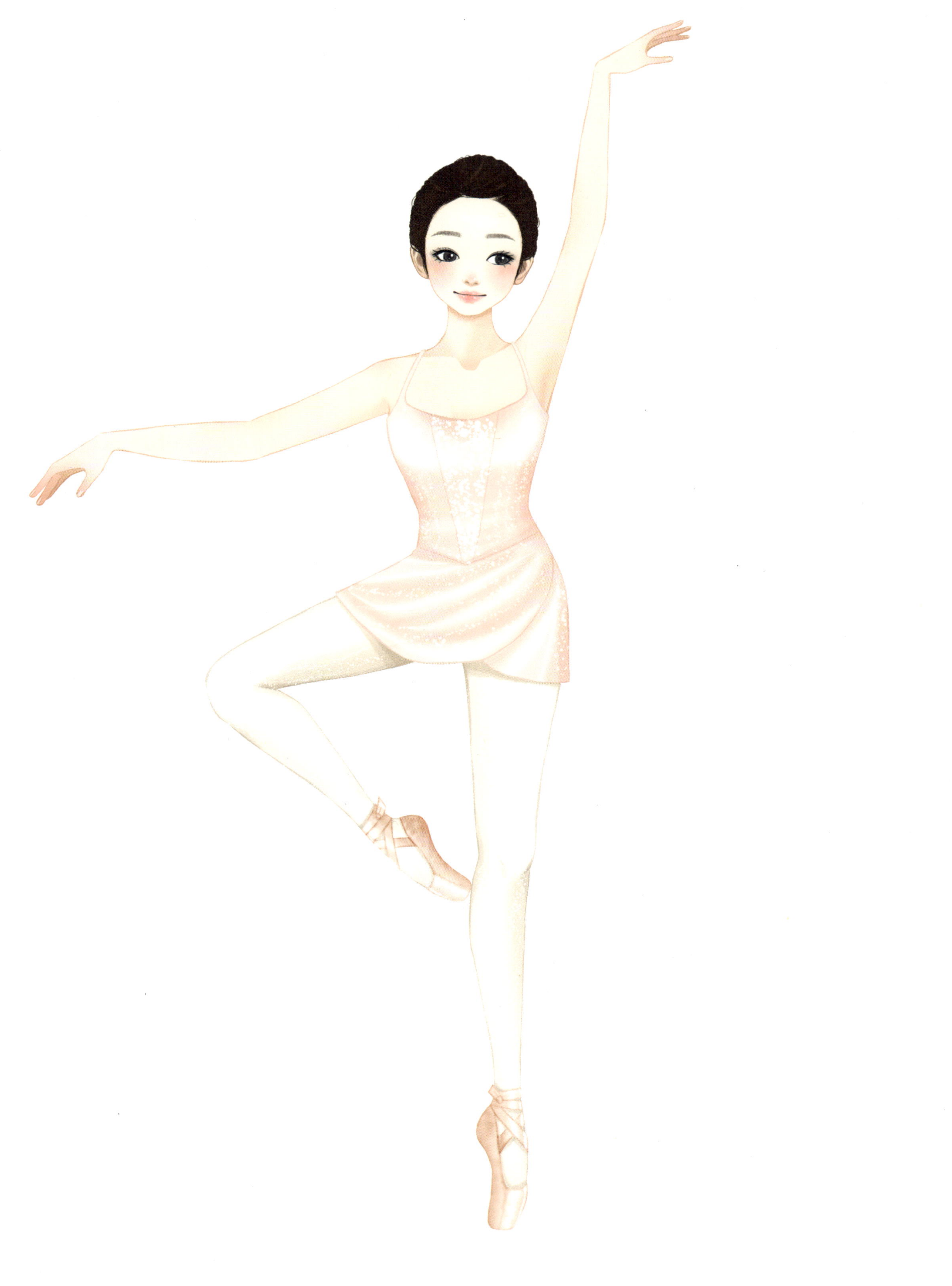

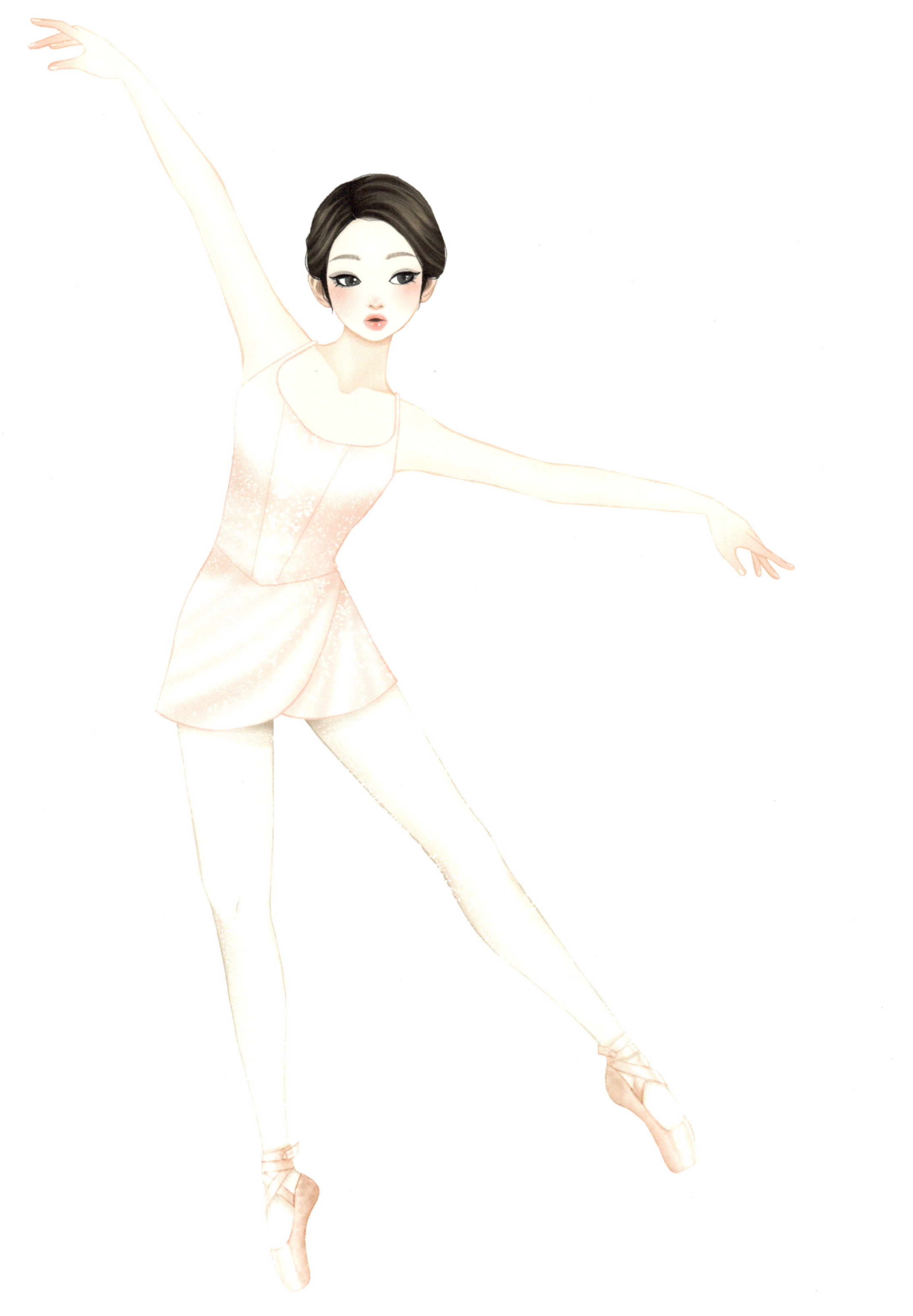

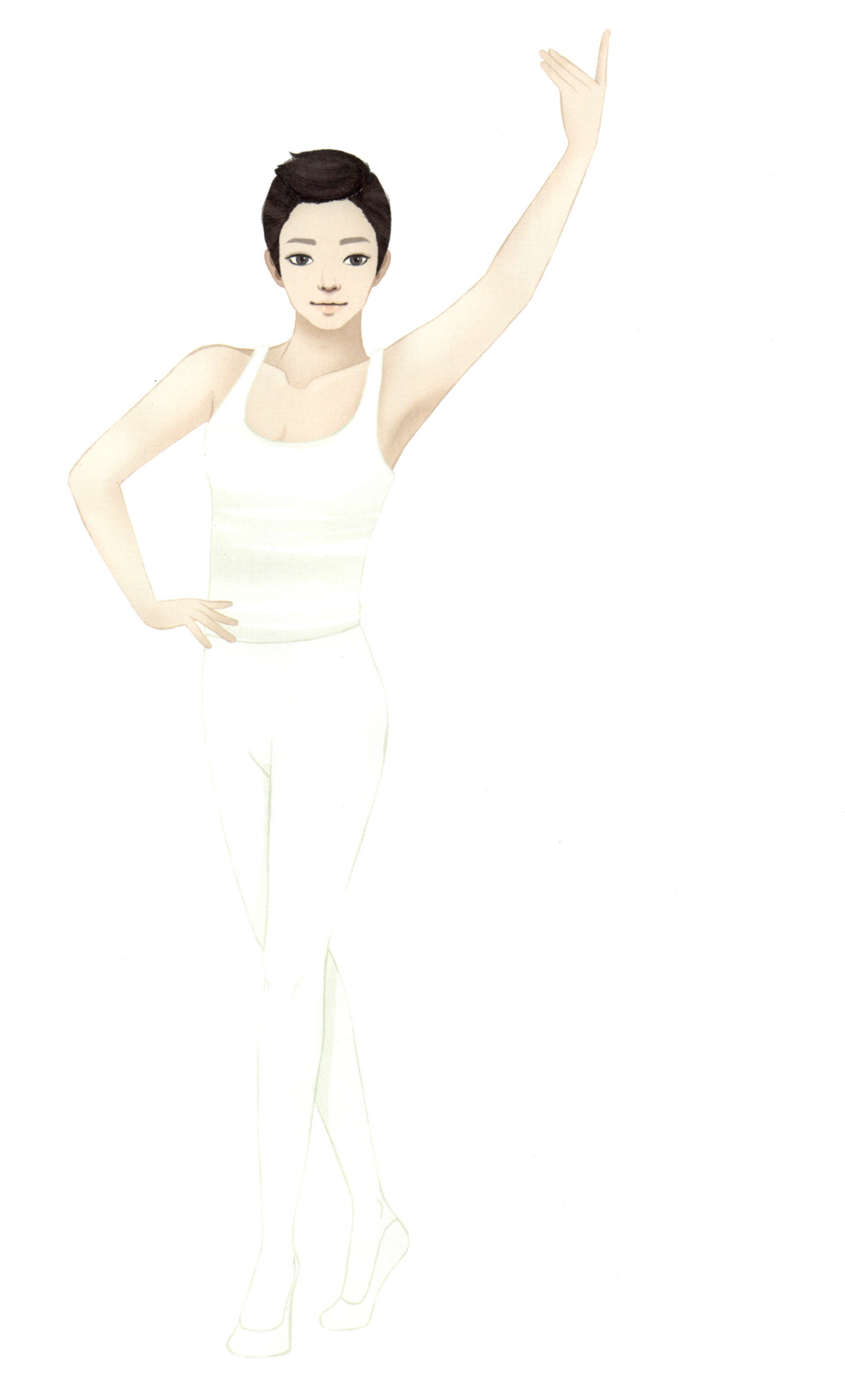

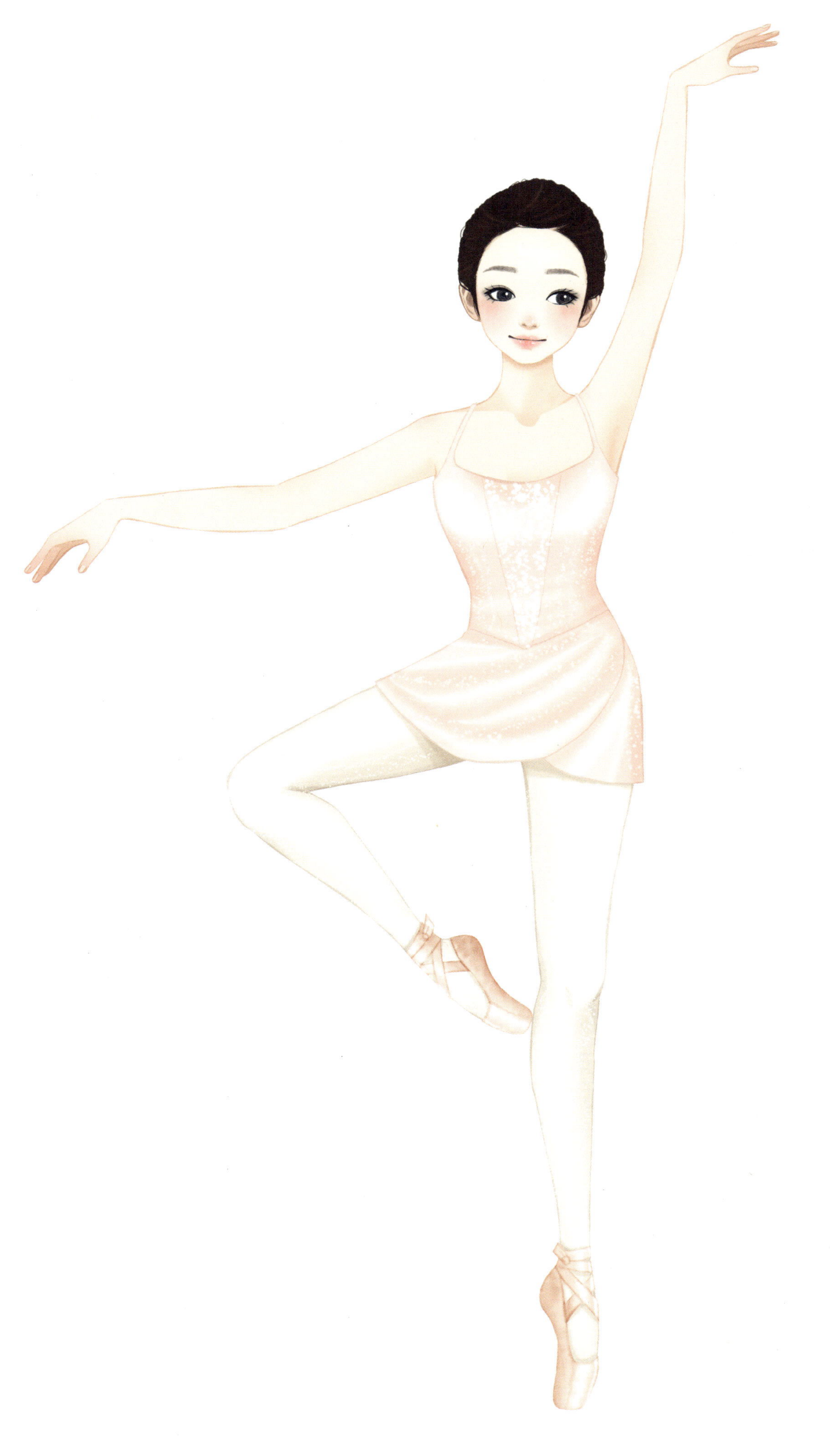

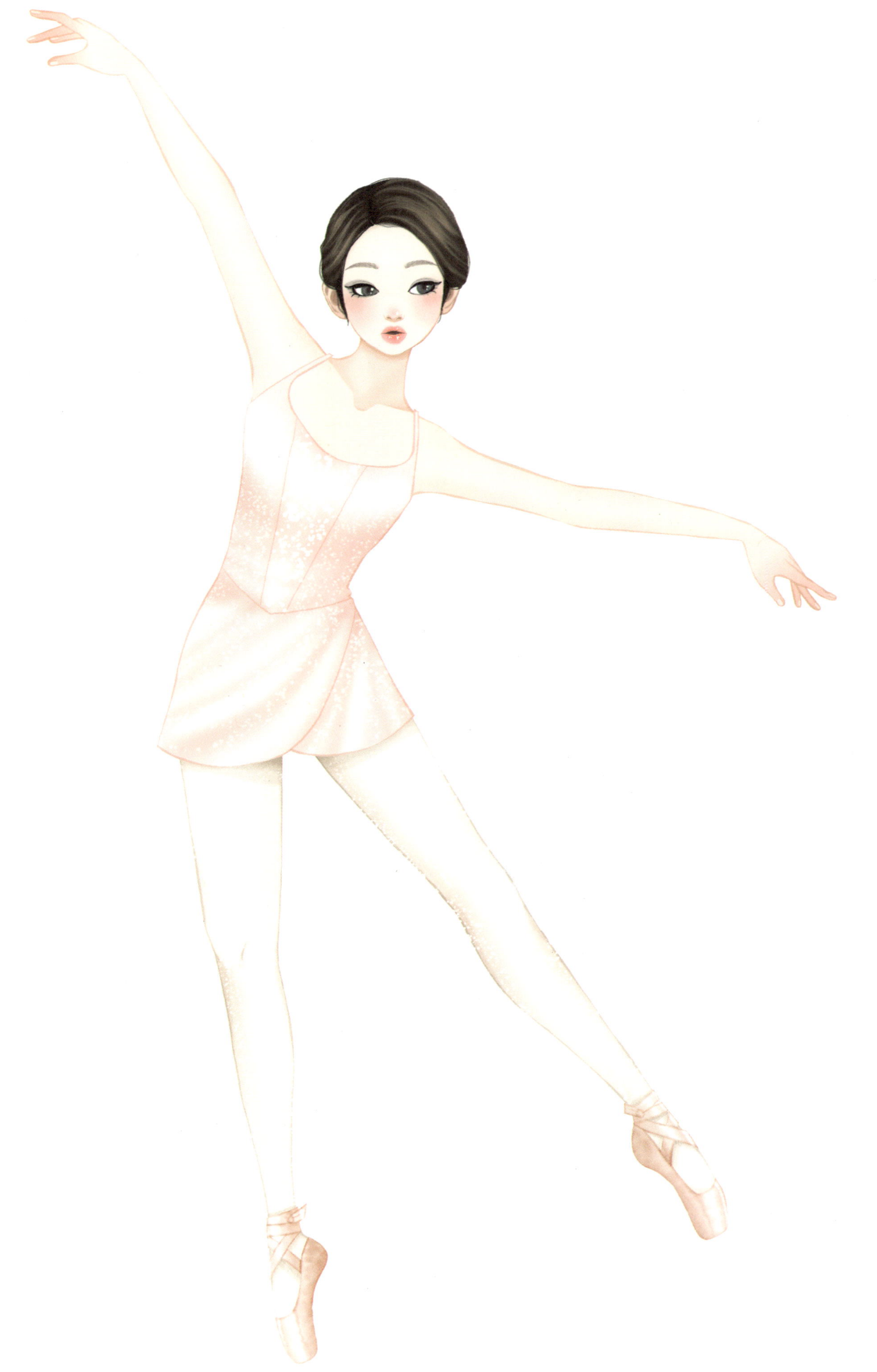

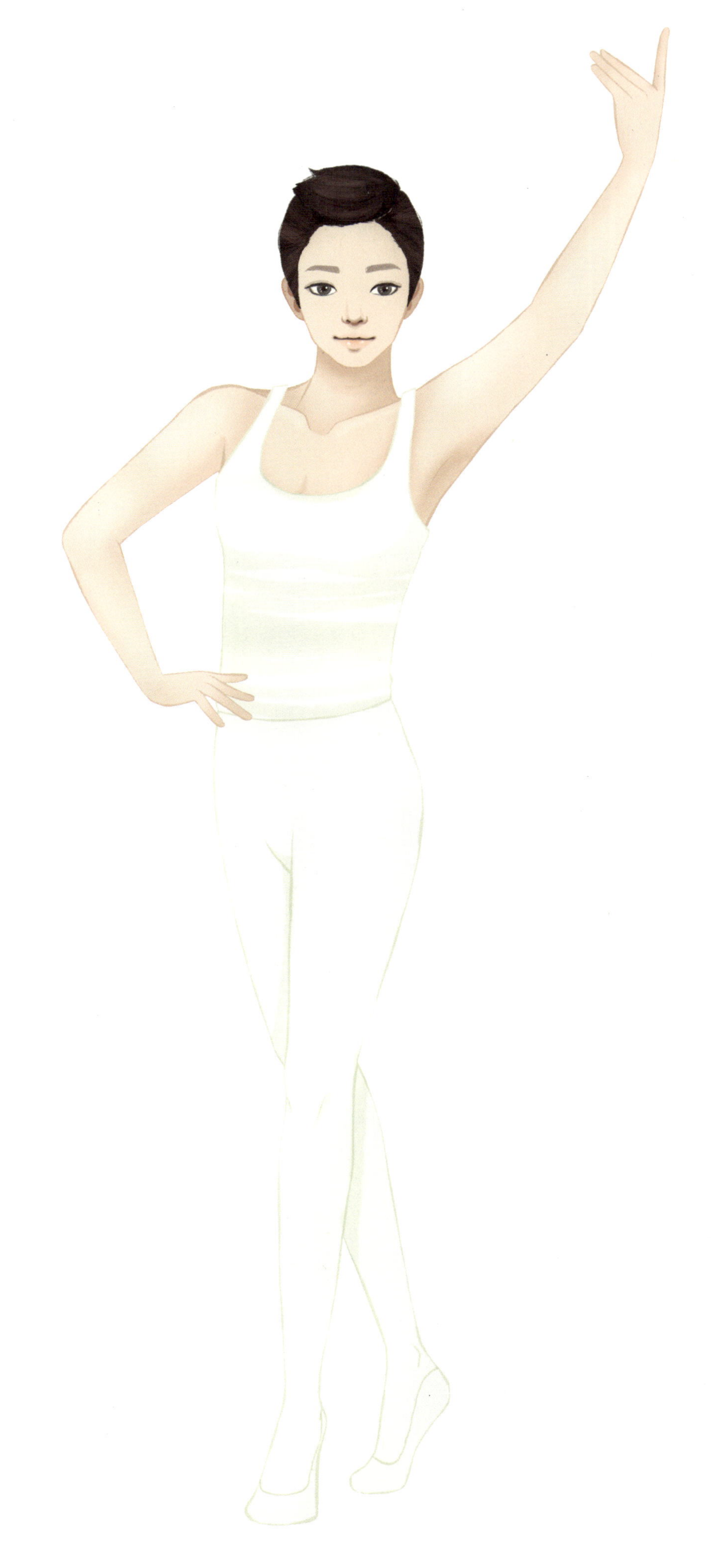

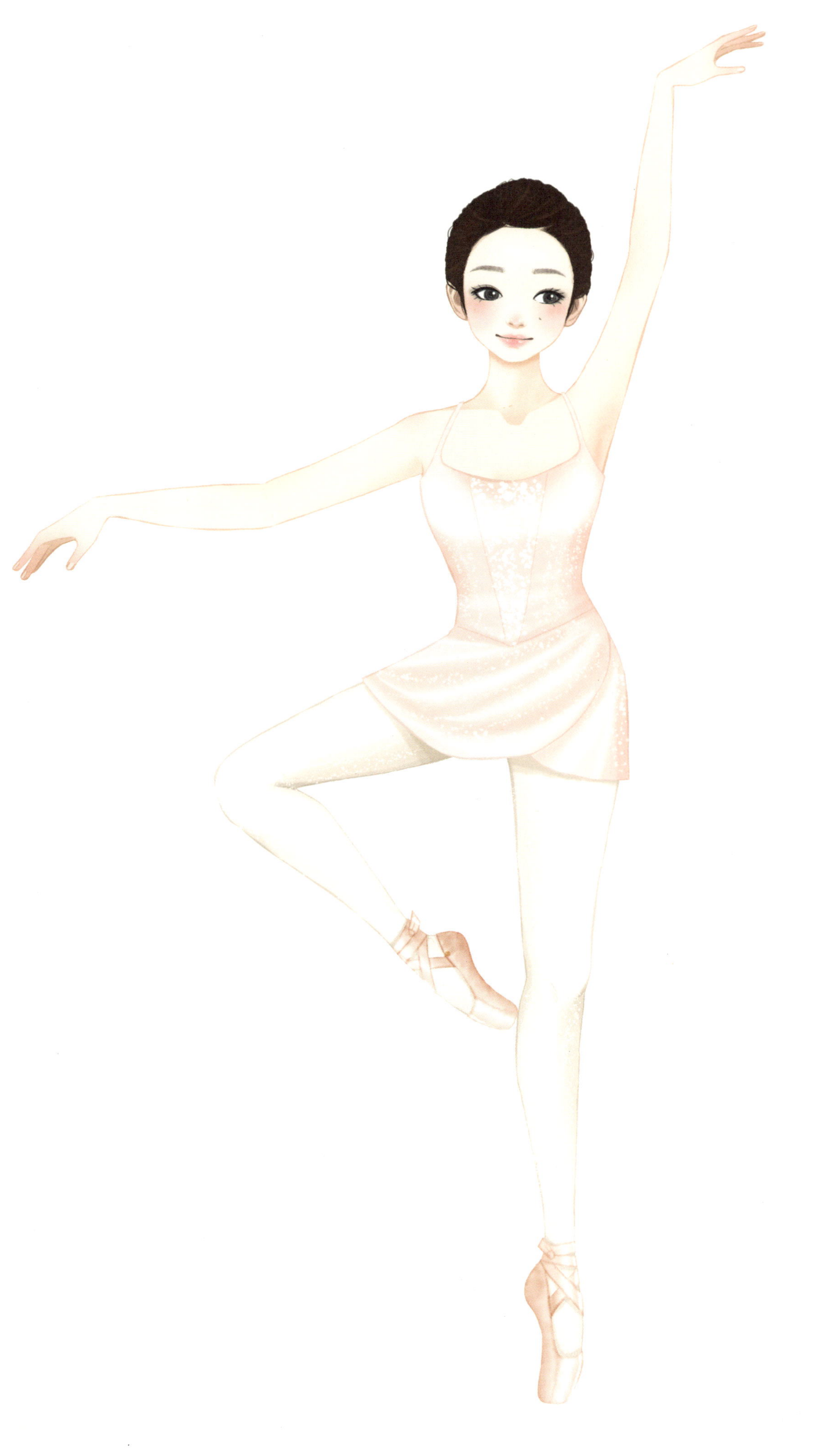

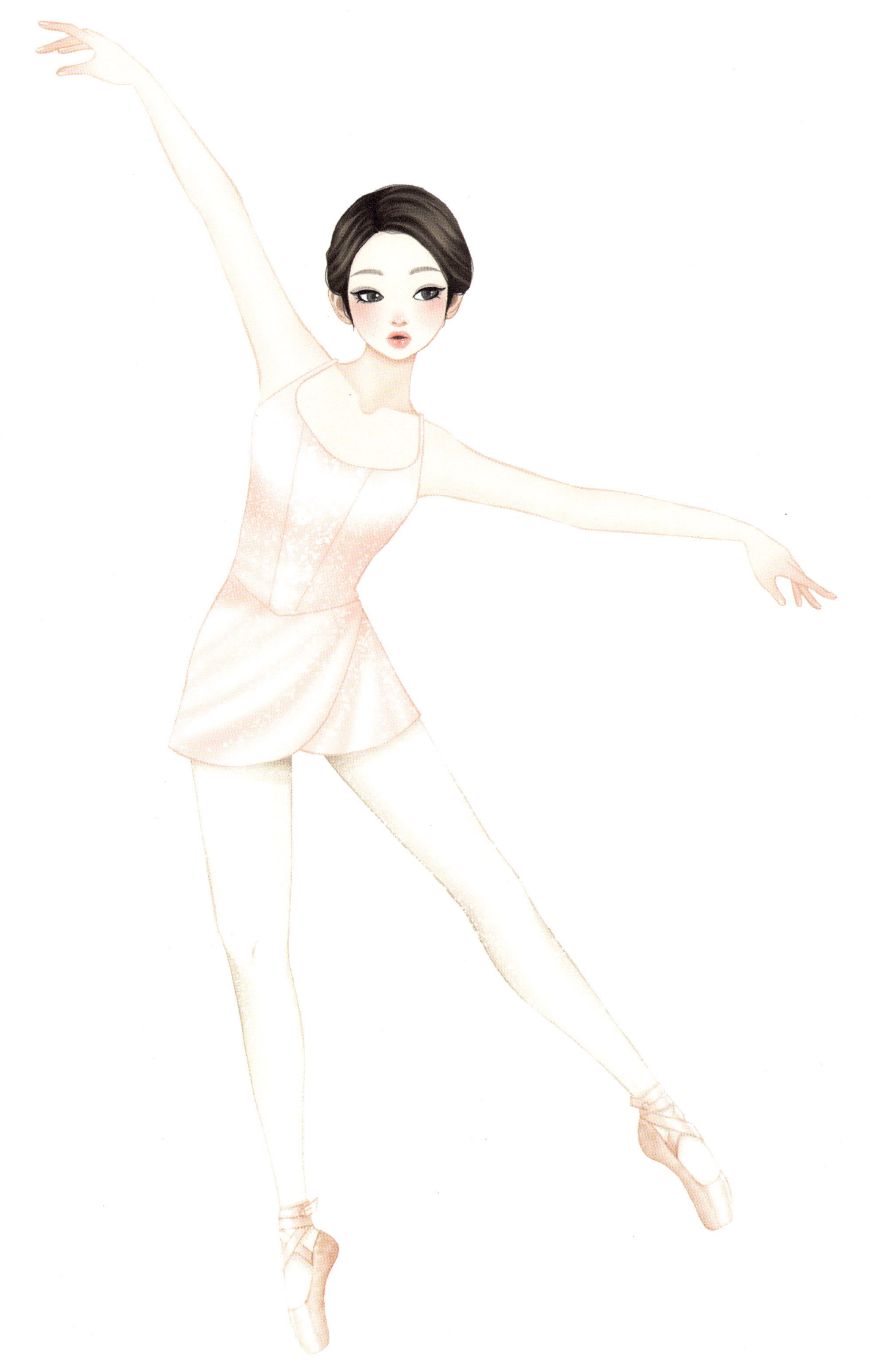

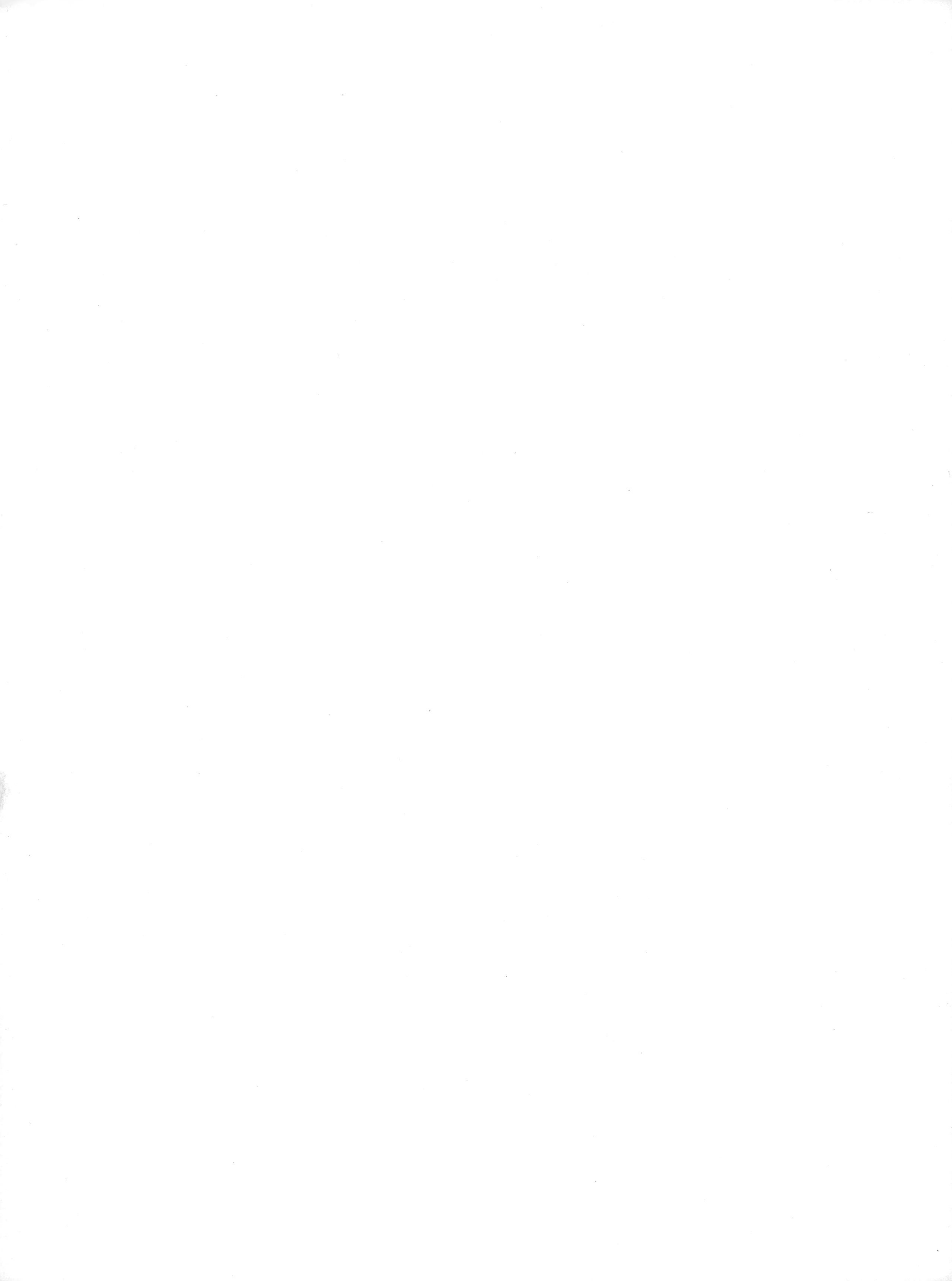

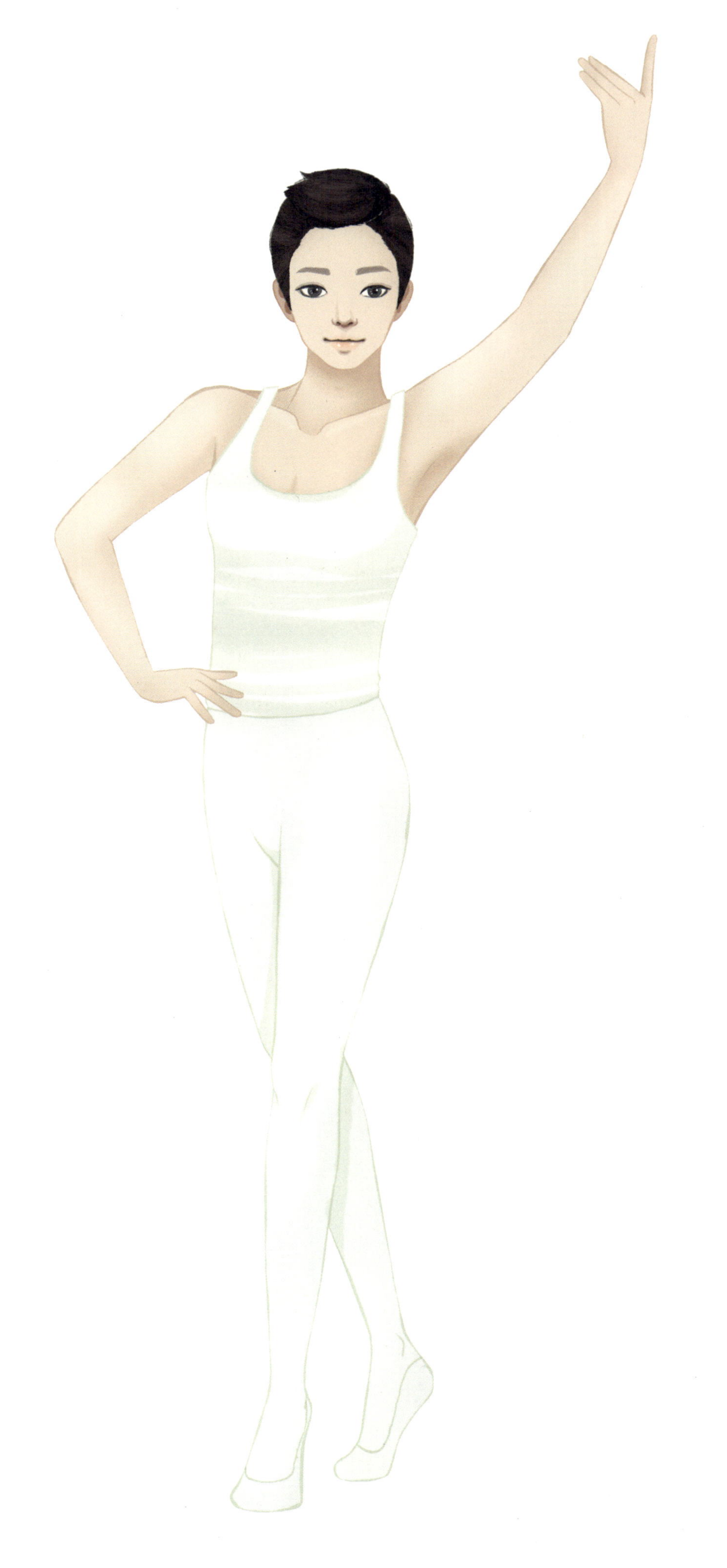

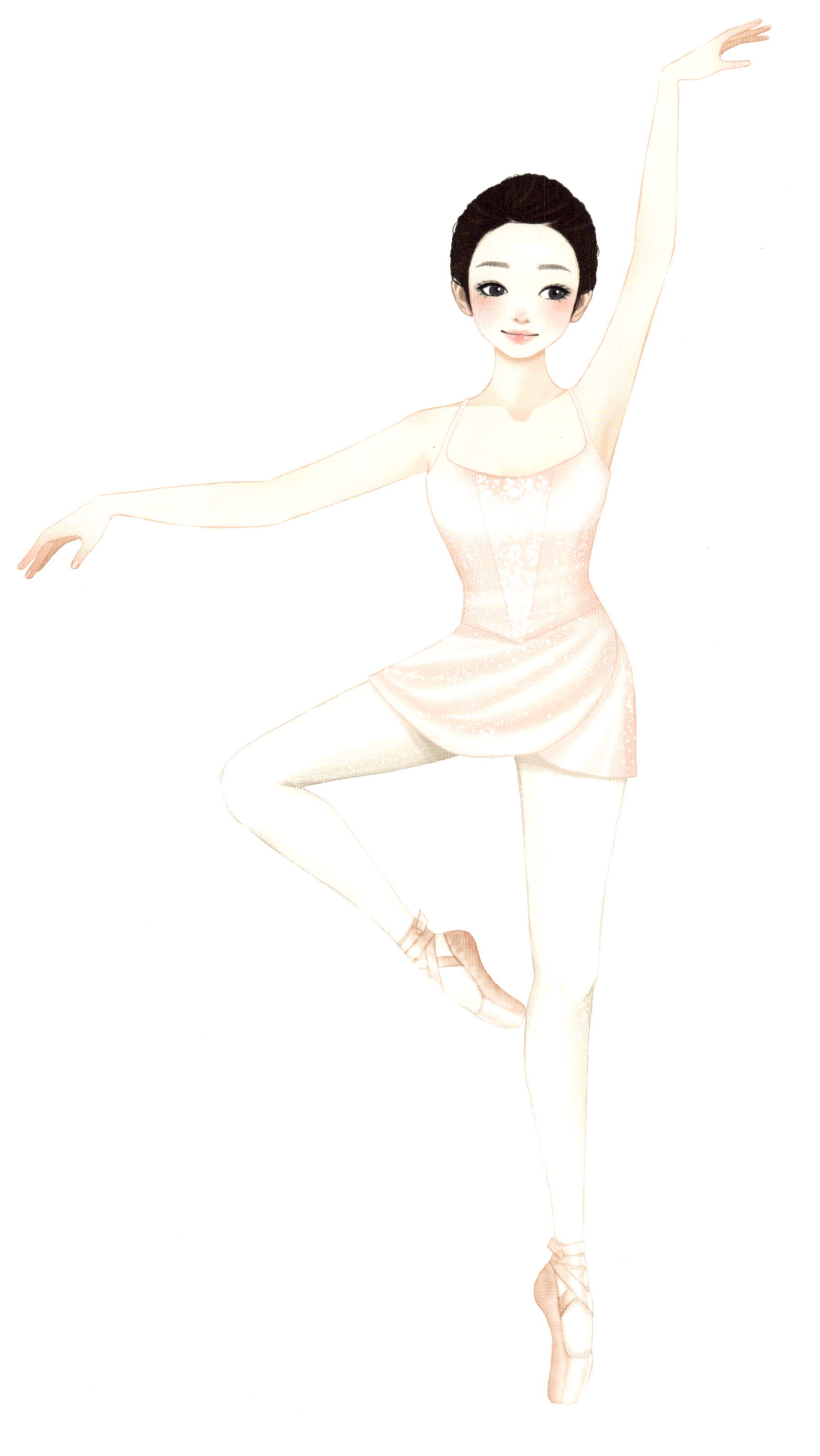

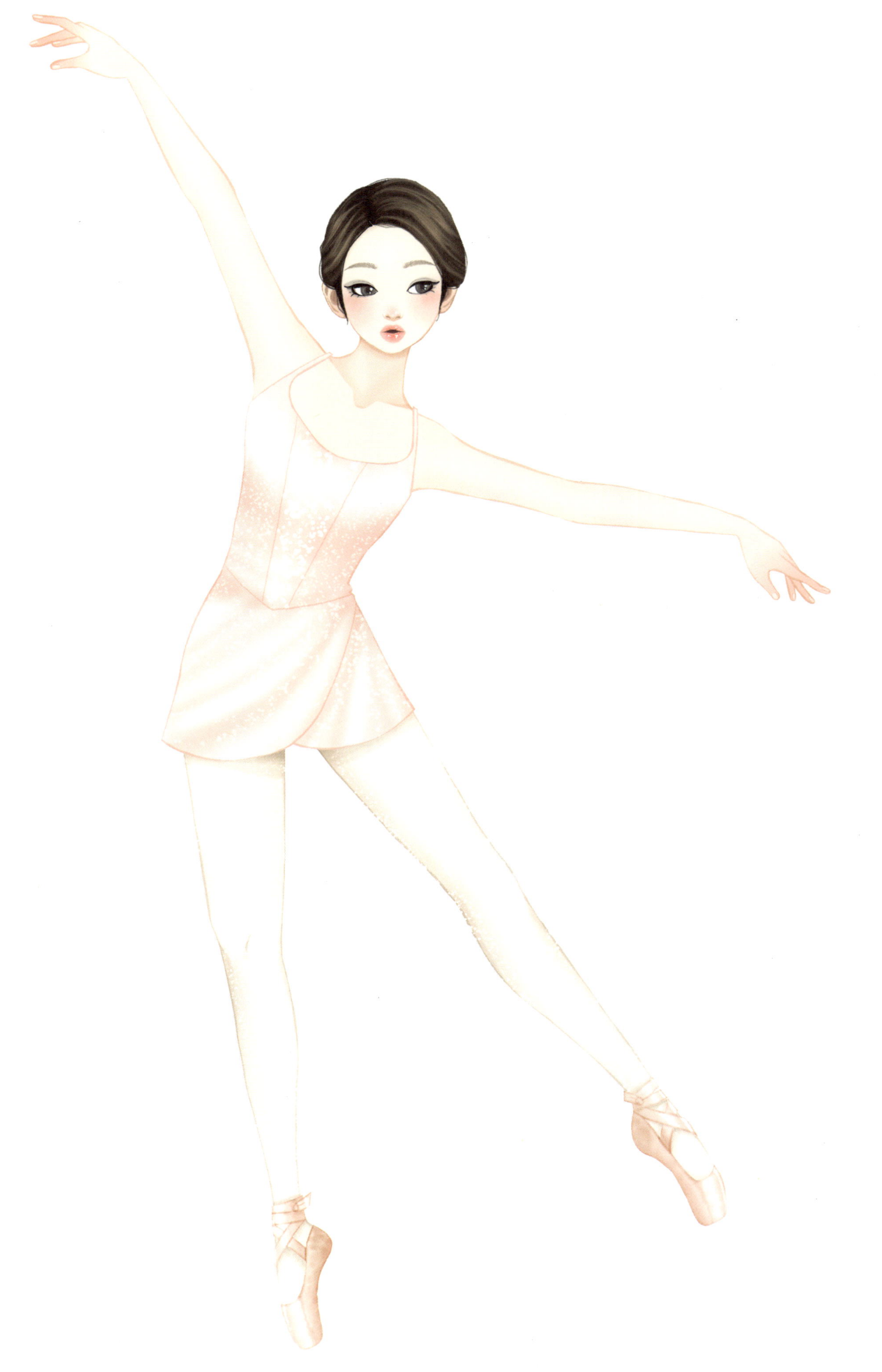

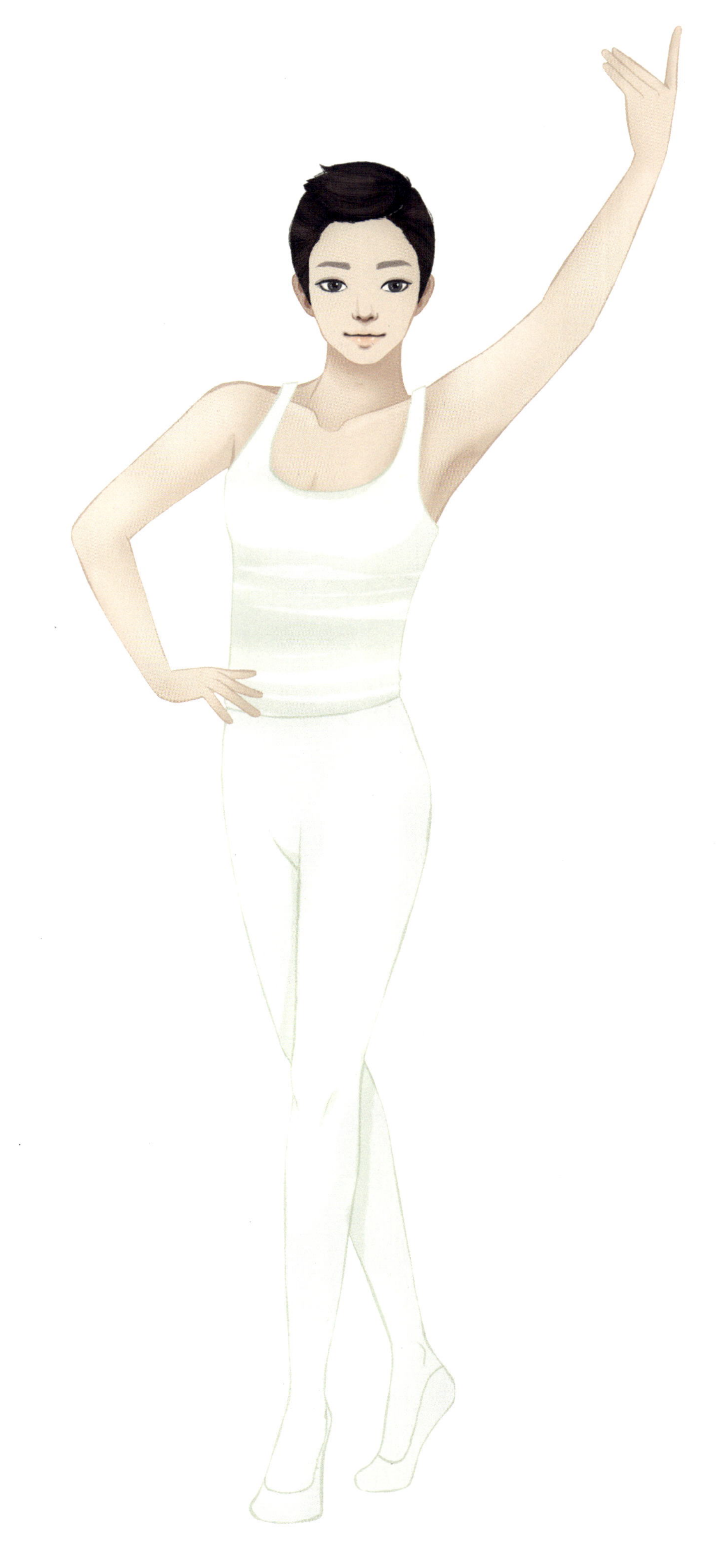

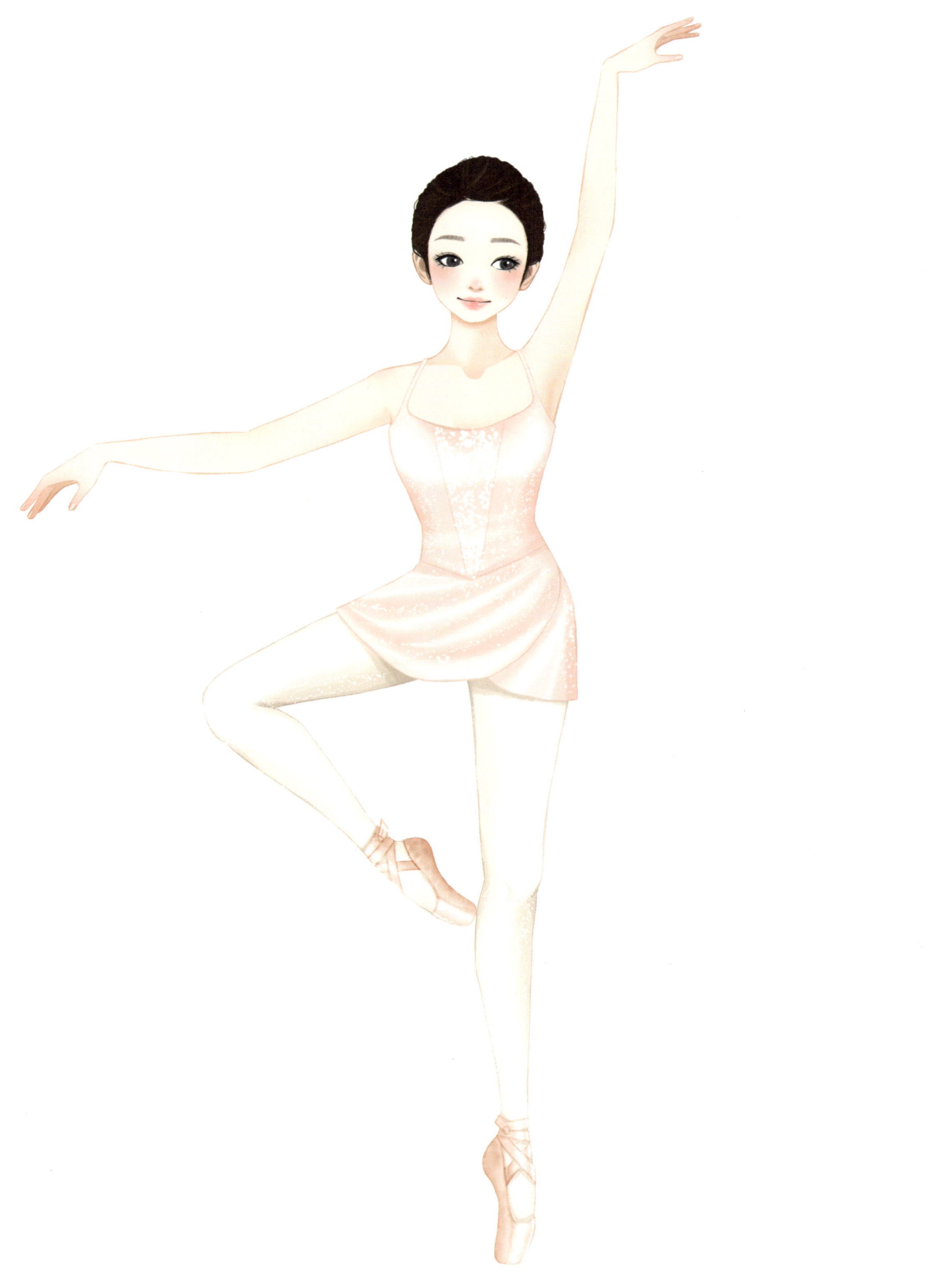

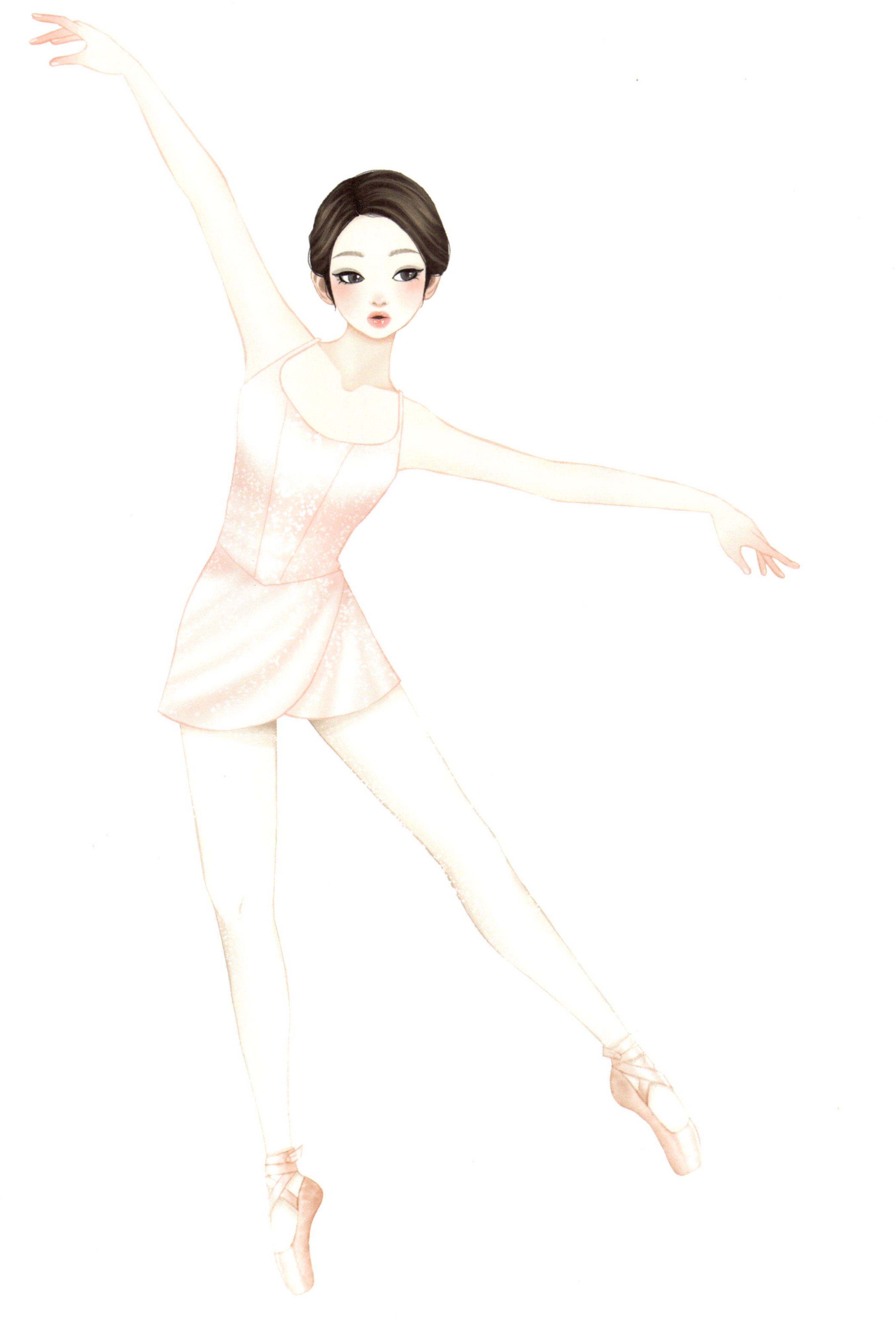

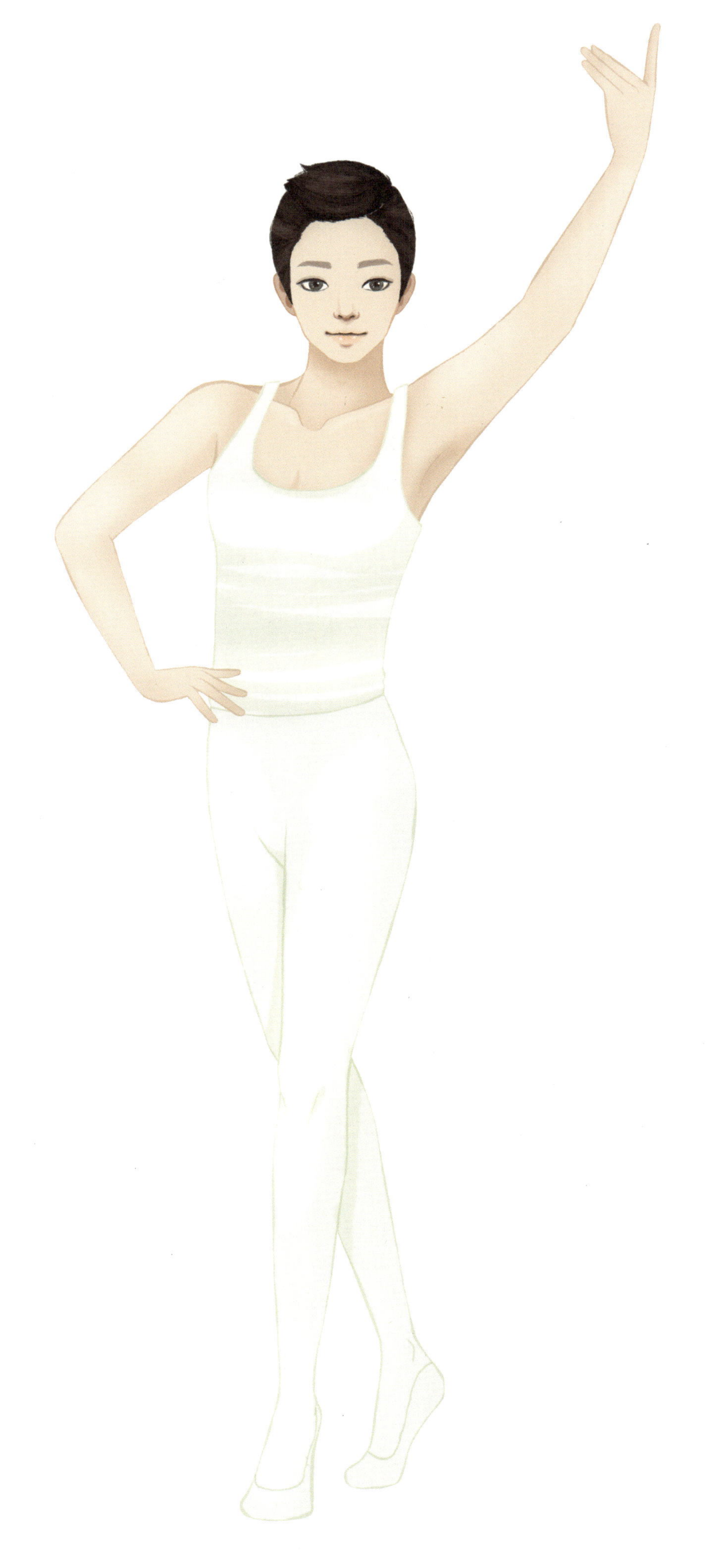

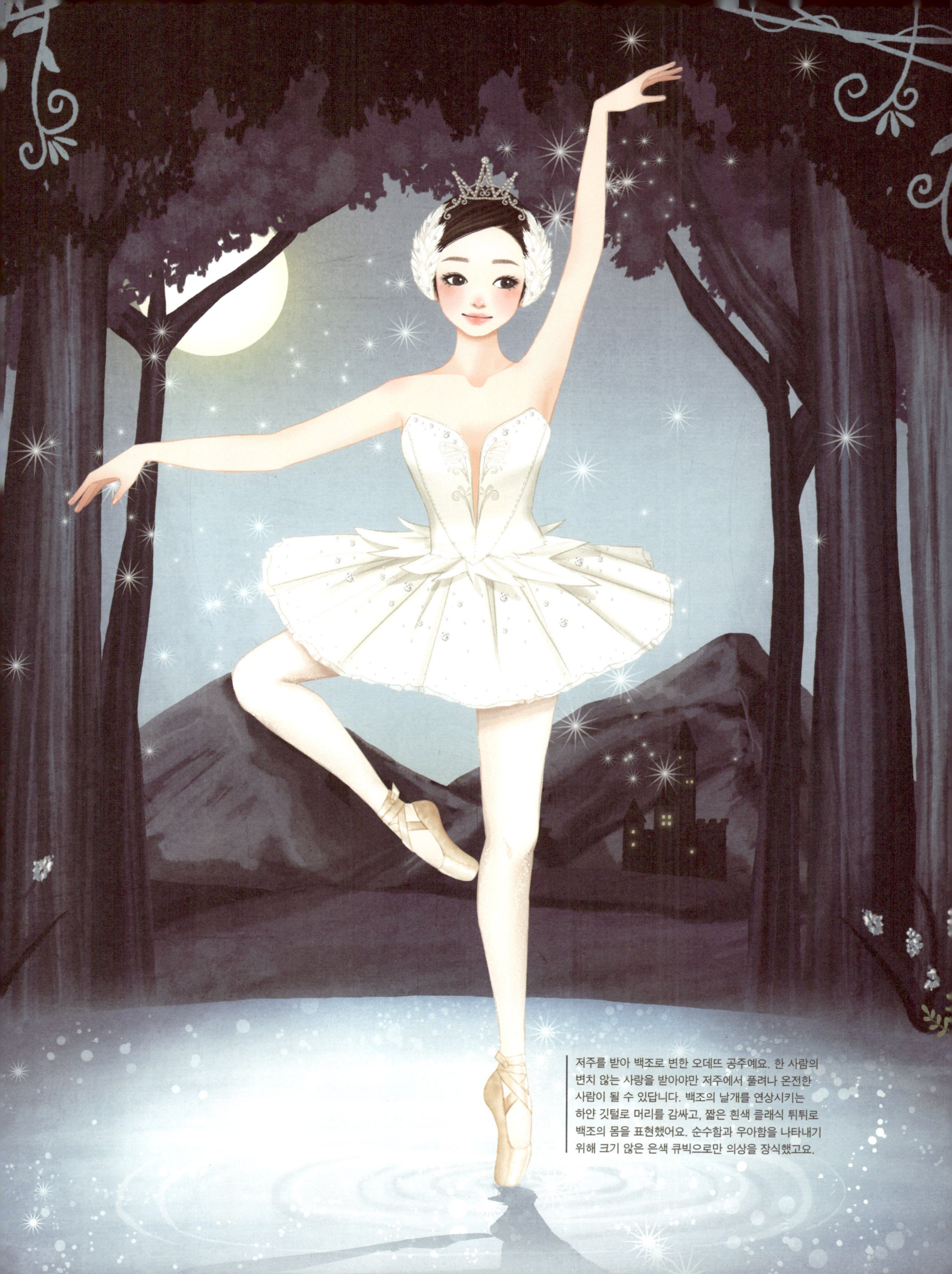

저주를 받아 백조로 변한 오데뜨 공주예요. 한 사람의
변치 않는 사랑을 받아야만 저주에서 풀려나 온전한
사람이 될 수 있답니다. 백조의 날개를 연상시키는
하얀 깃털로 머리를 감싸고, 짧은 흰색 클래식 튀튀로
백조의 몸을 표현했어요. 순수함과 우아함을 나타내기
위해 크기 않은 은색 큐빅으로만 의상을 장식했고요.

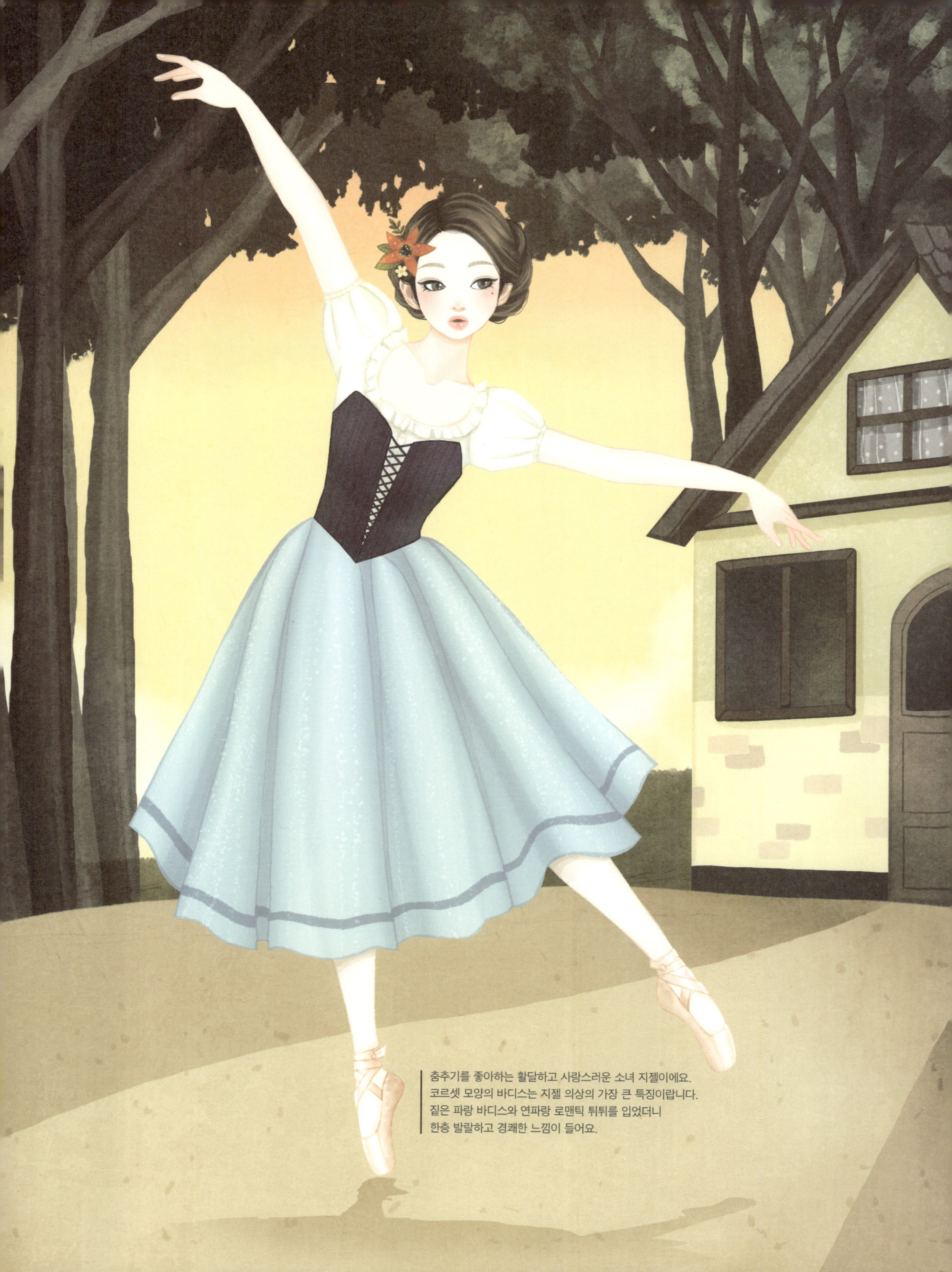

춤추기를 좋아하는 활달하고 사랑스러운 소녀 지젤이에요.
코르셋 모양의 바디스는 지젤 의상의 가장 큰 특징이랍니다.
짙은 파랑 바디스와 연파랑 로맨틱 튀튀를 입었더니
한층 발랄하고 경쾌한 느낌이 들어요.

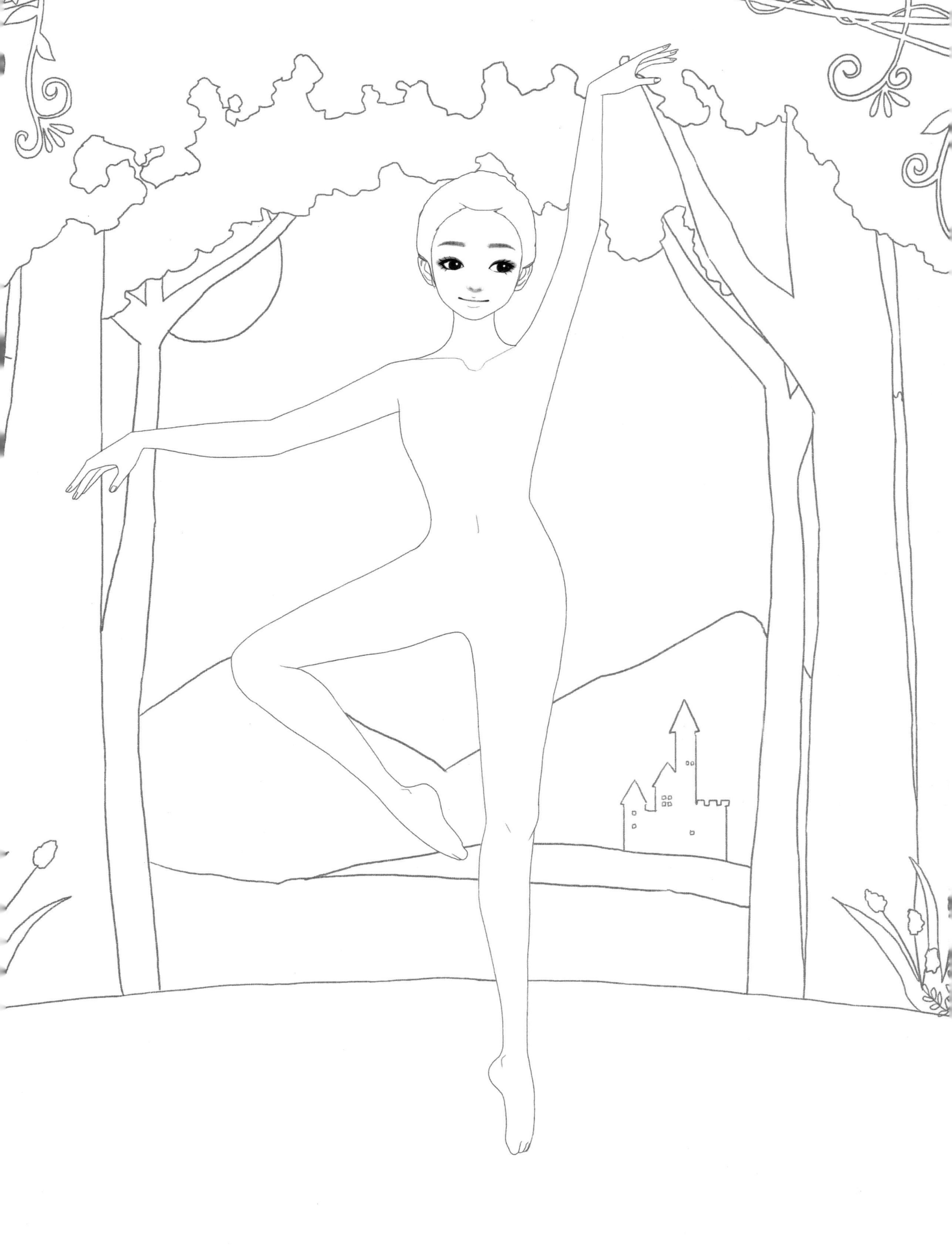

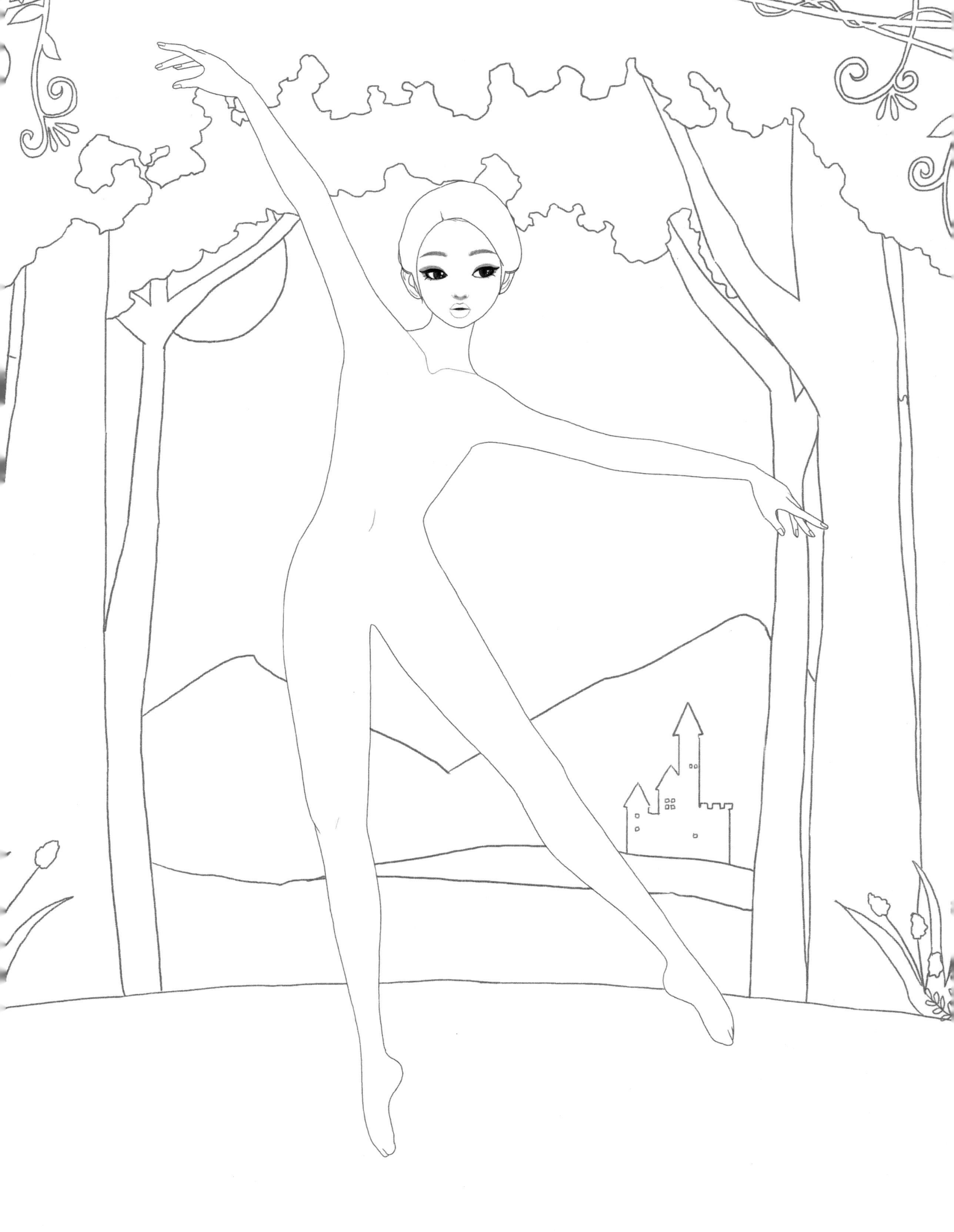

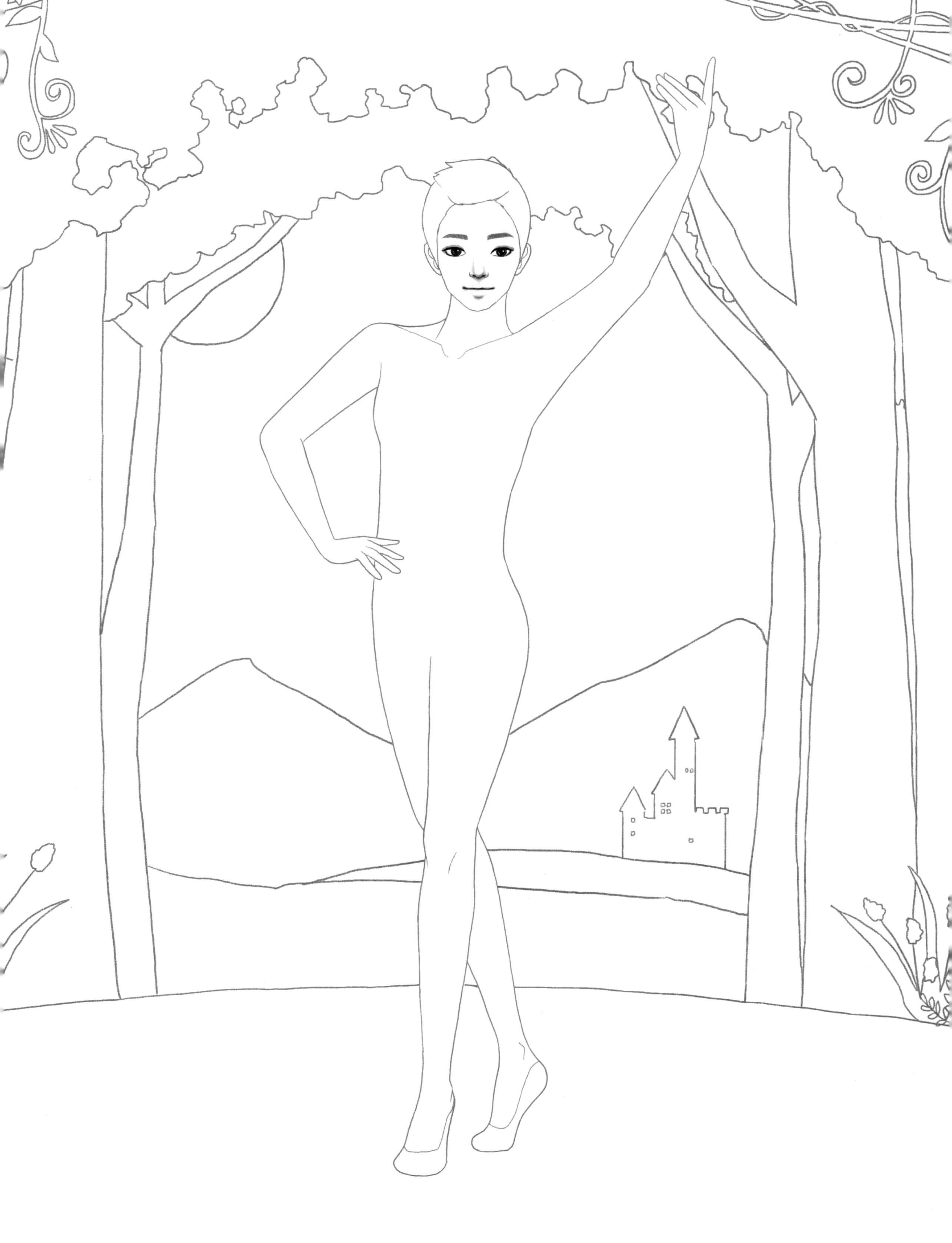

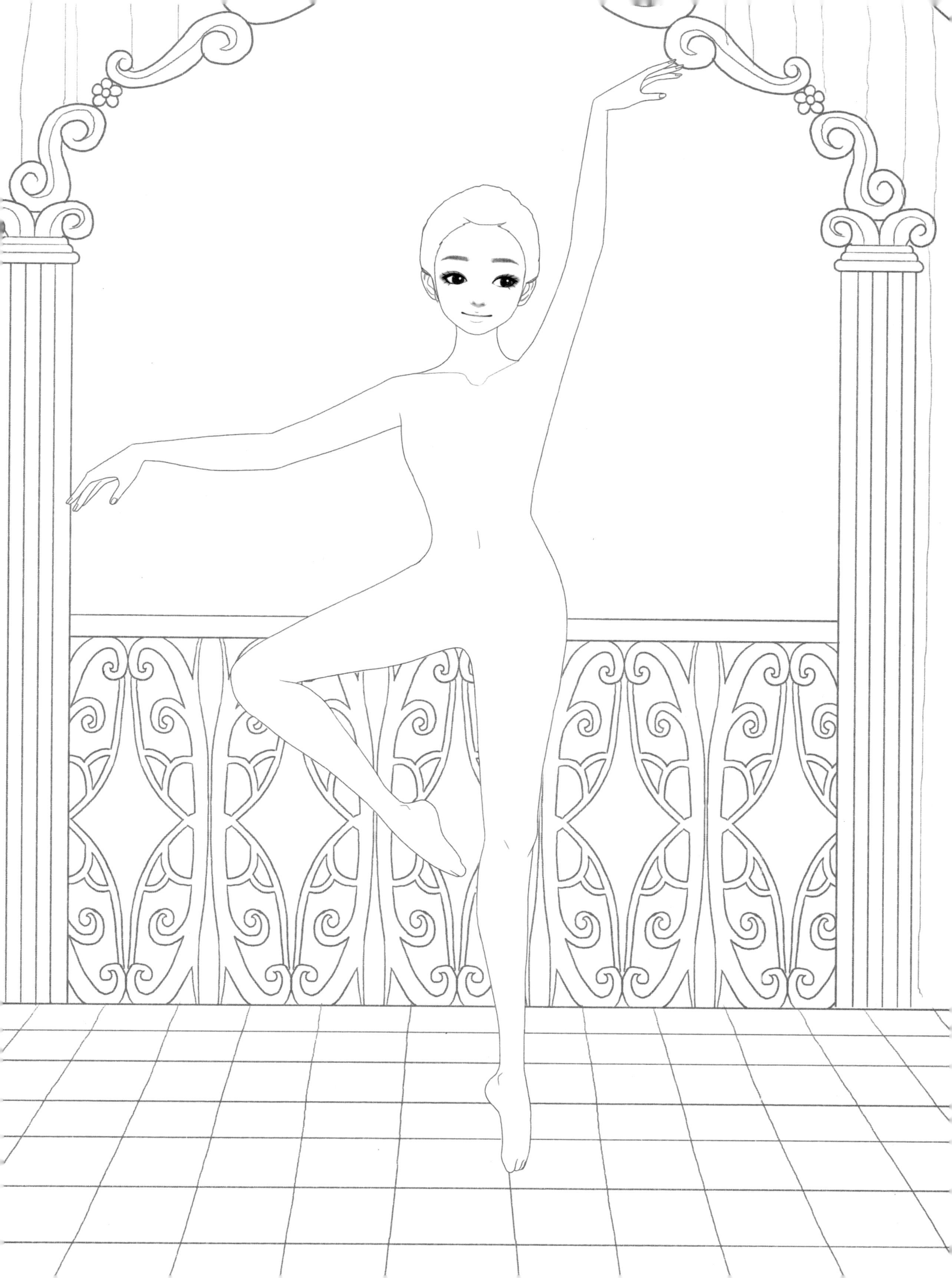

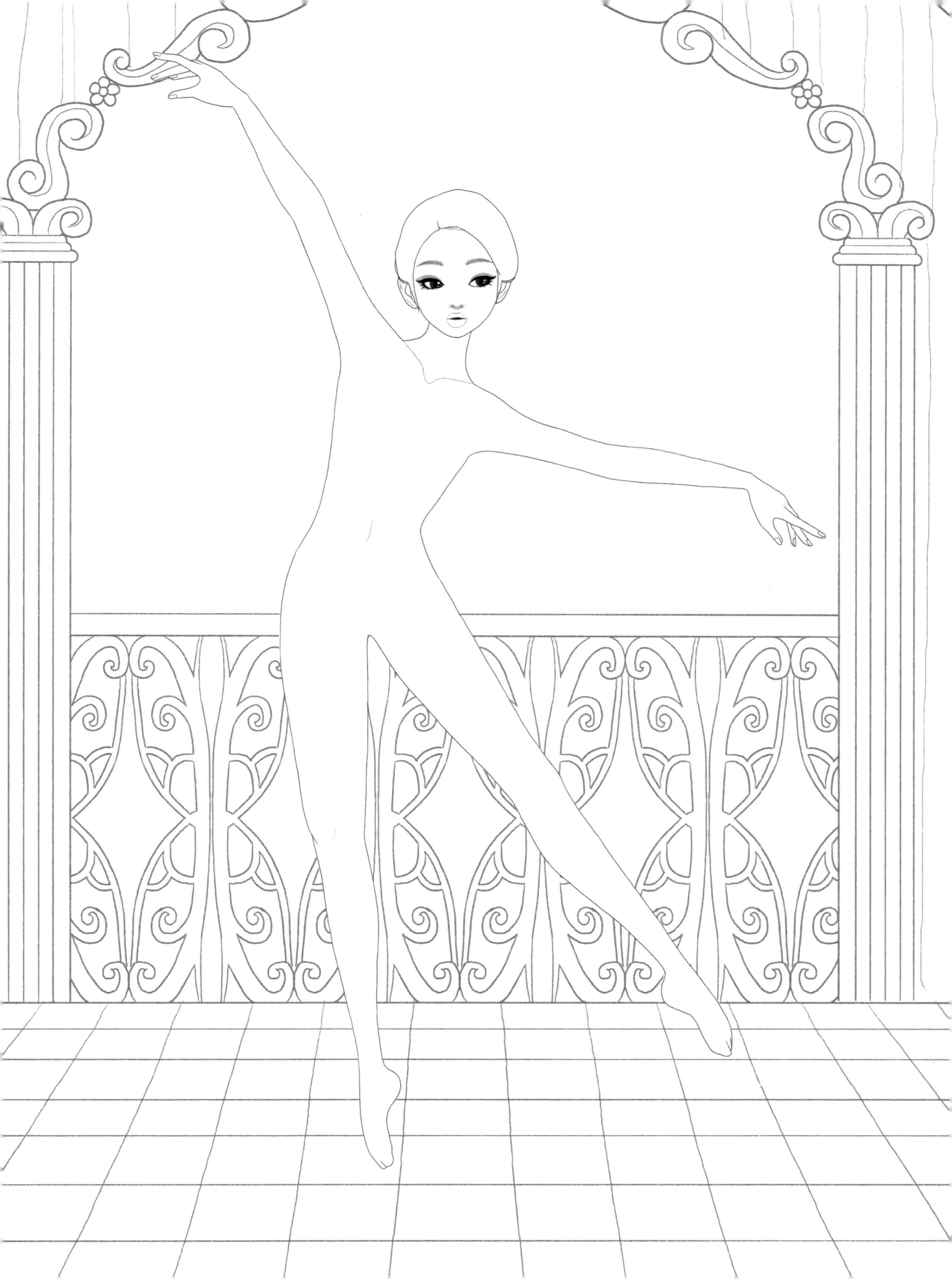

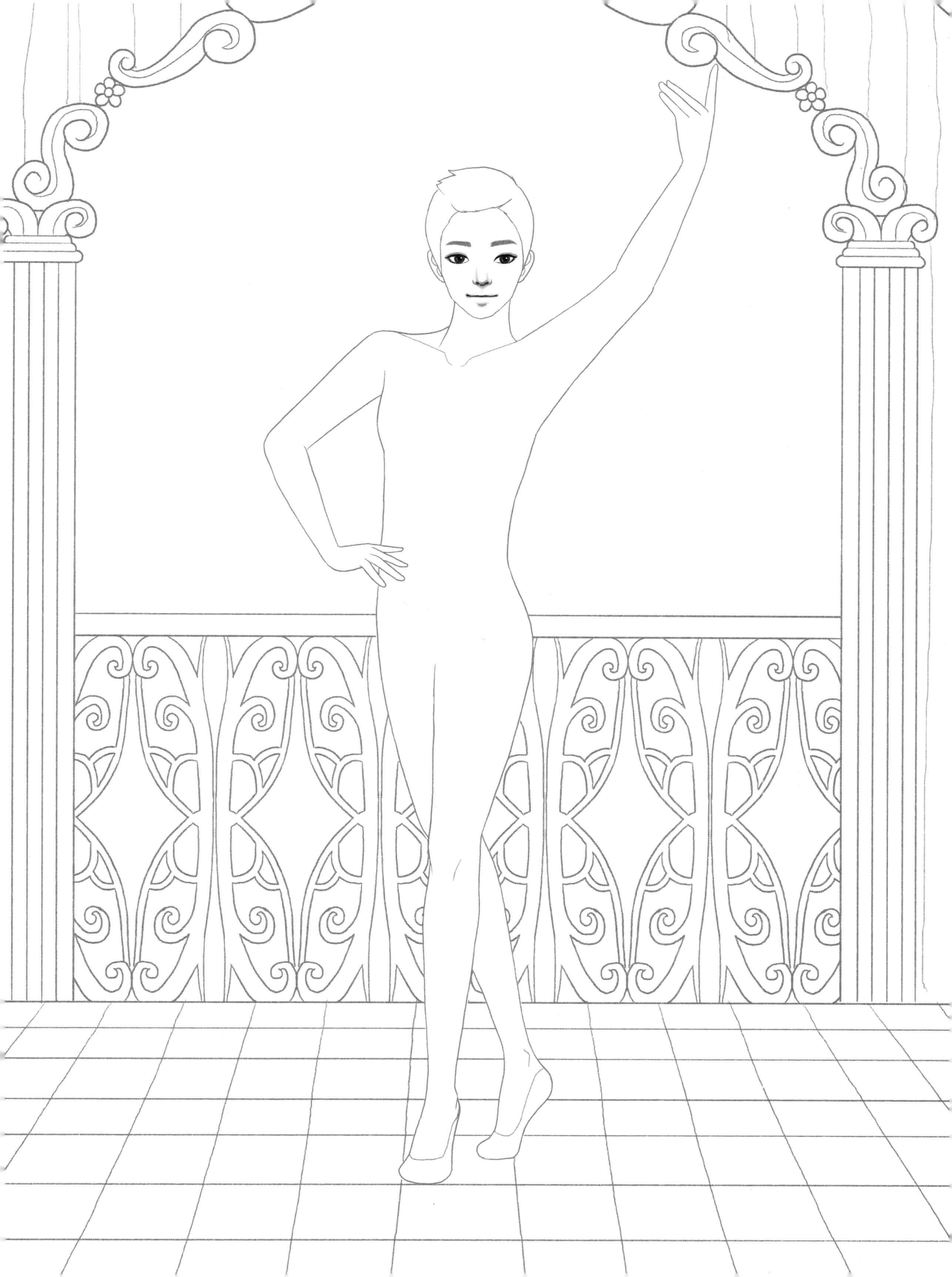

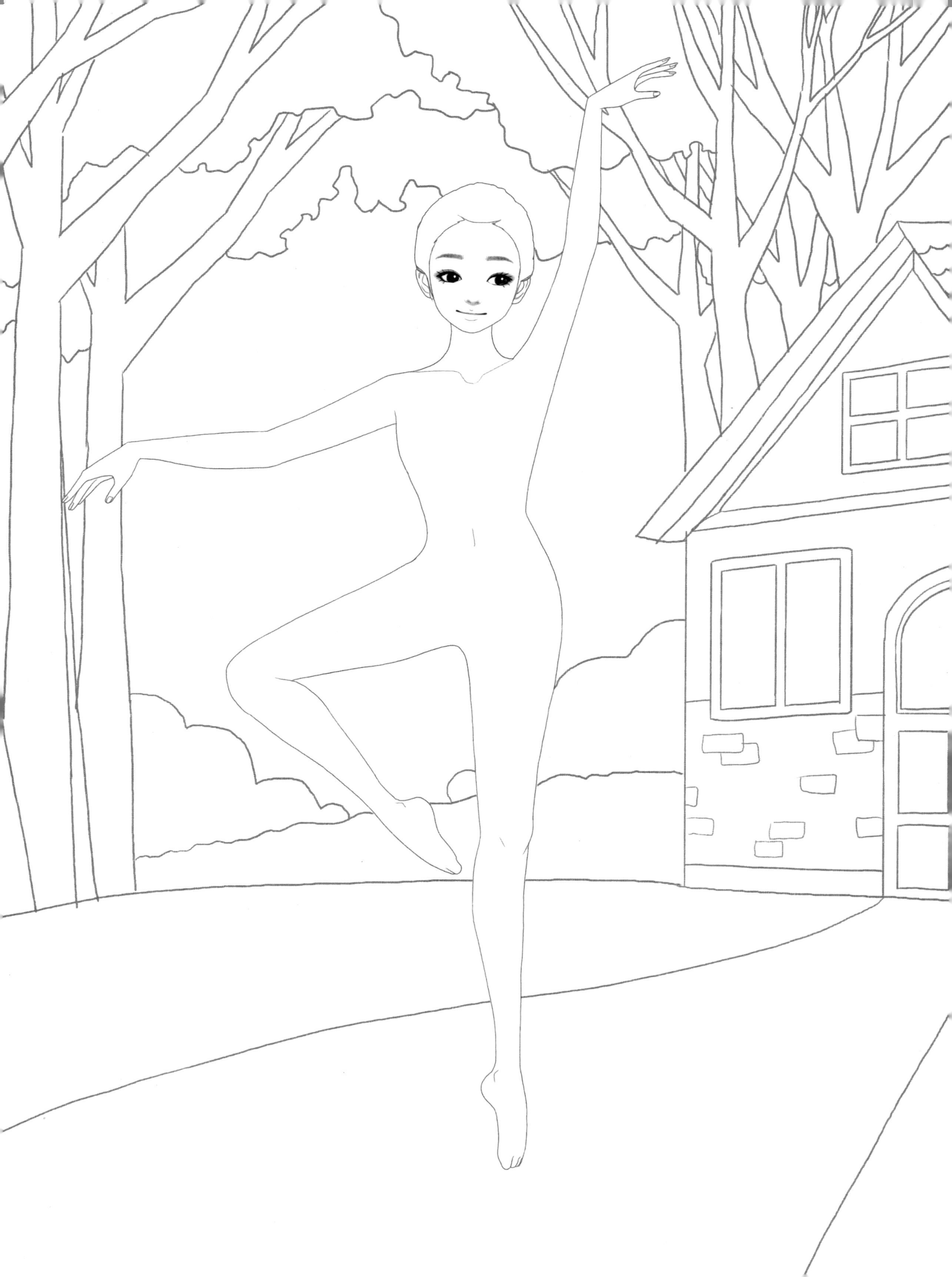

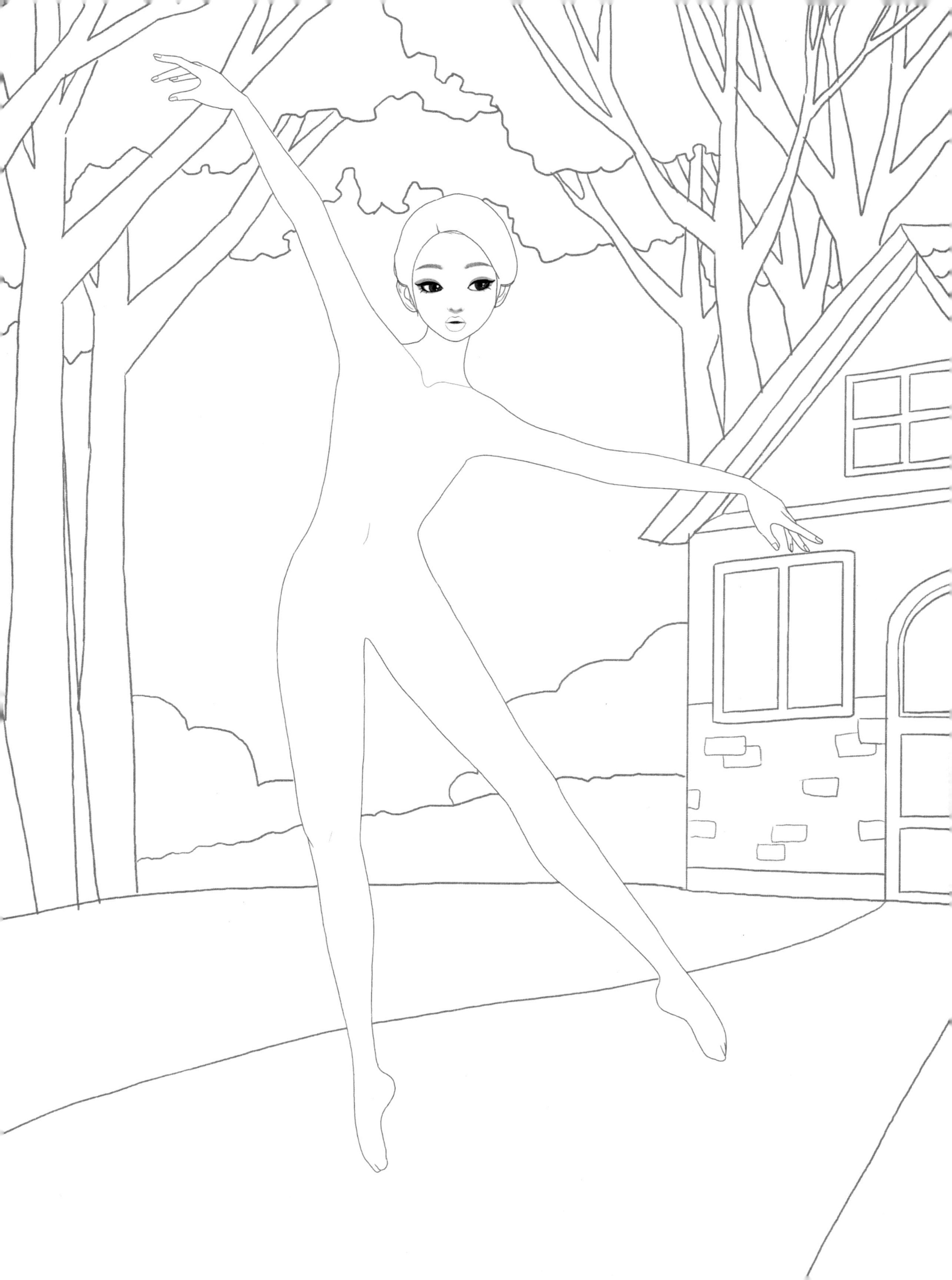

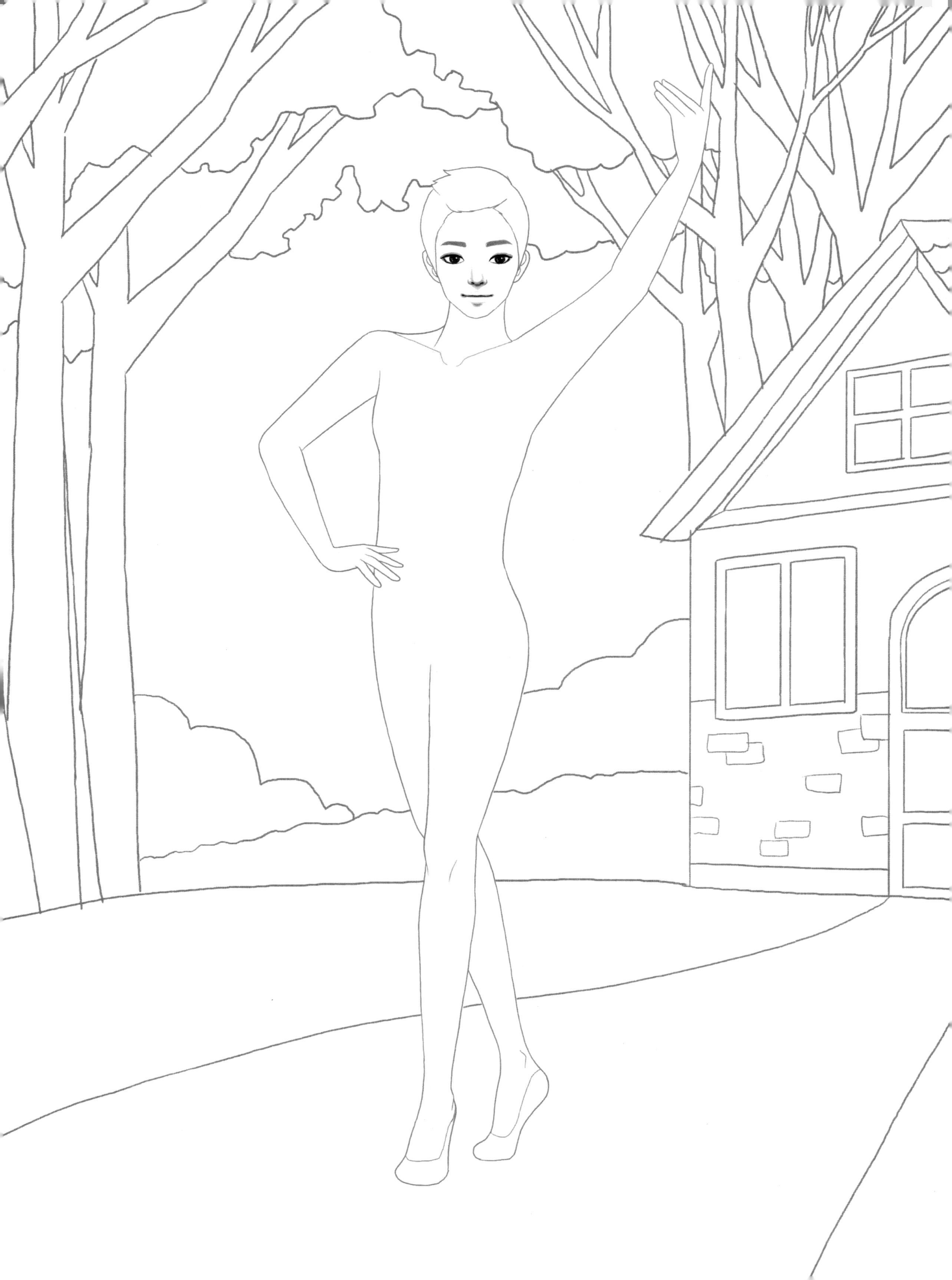

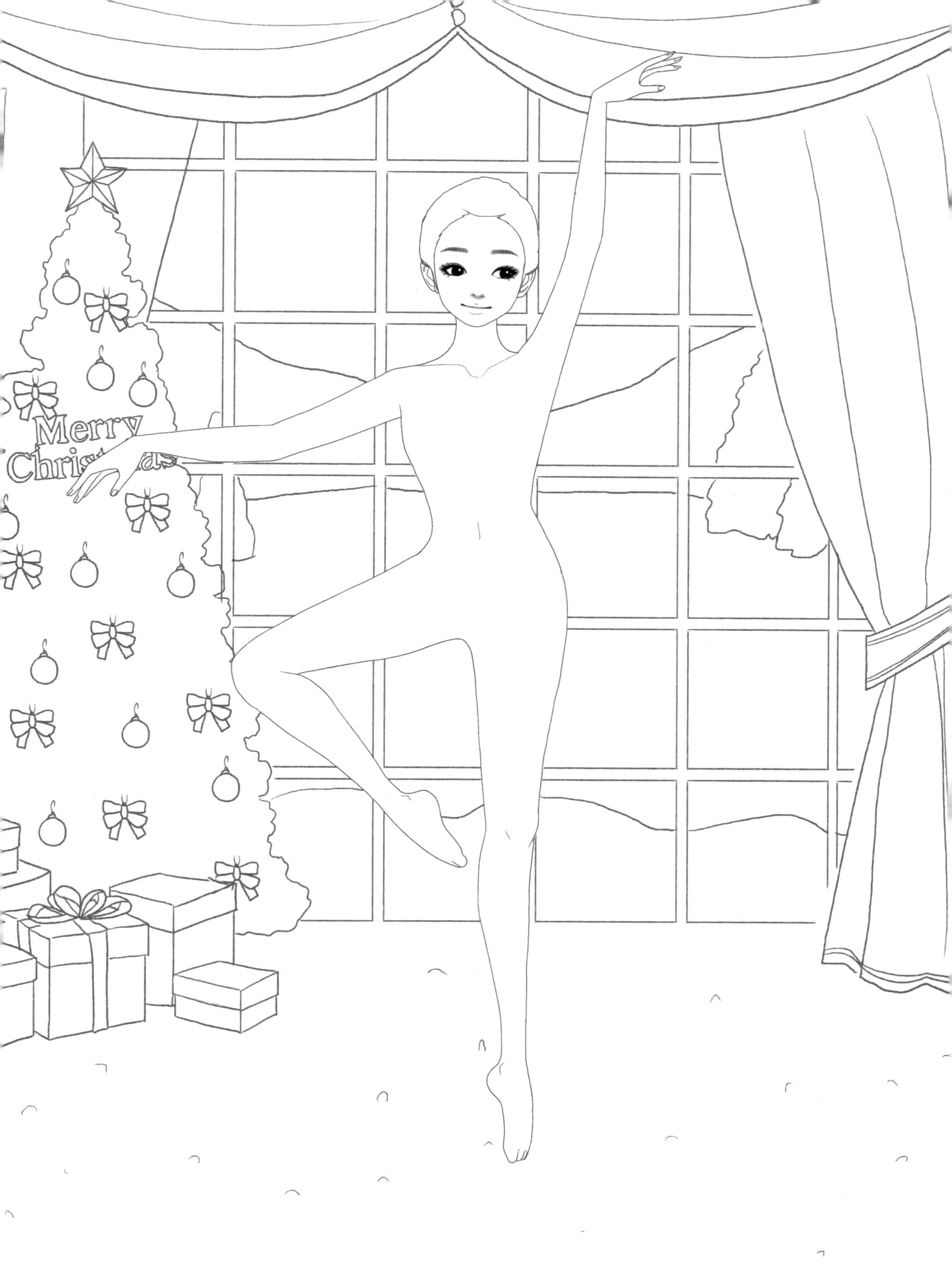
Merry
Christmas

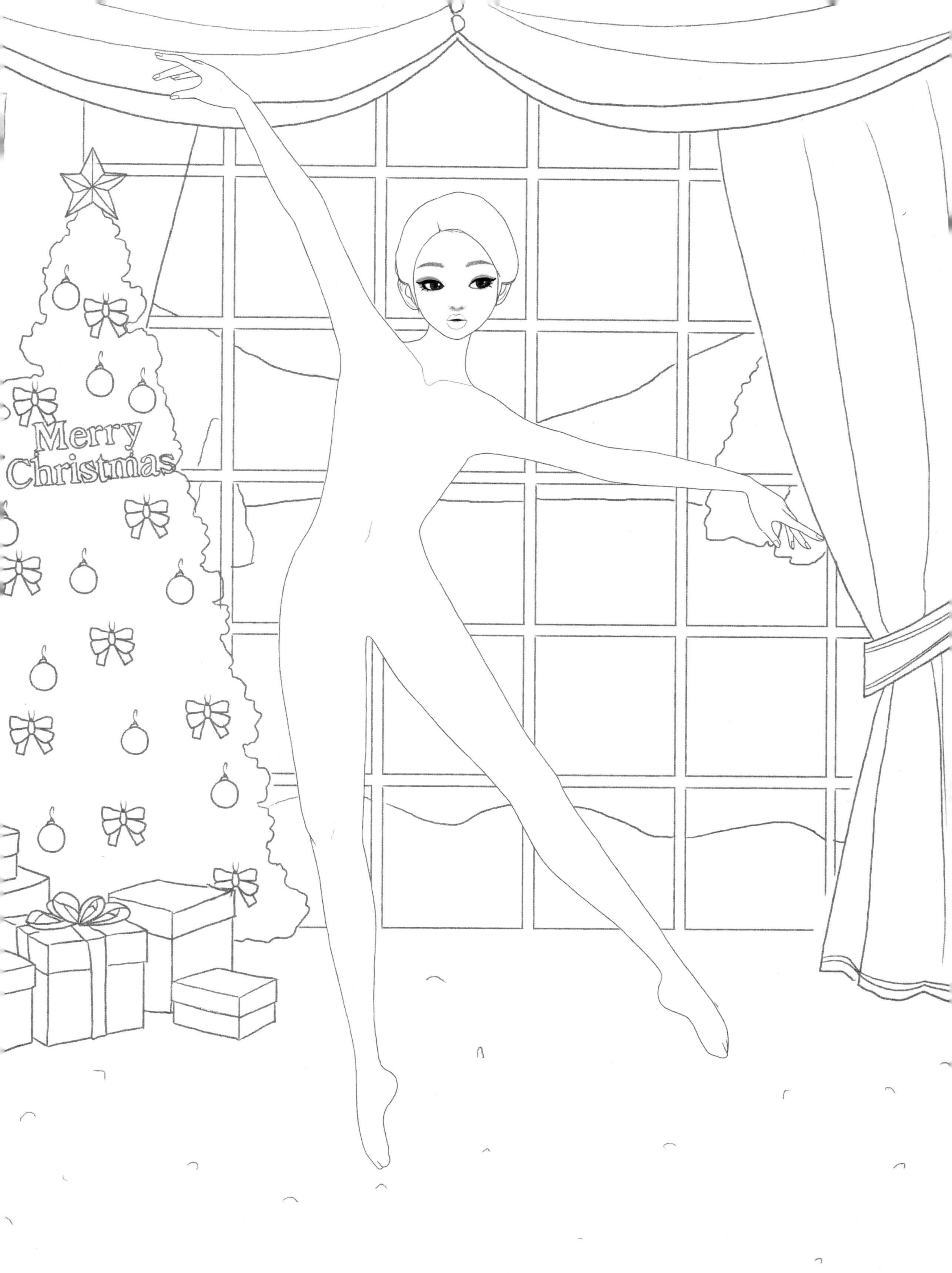
Merry
Christmas

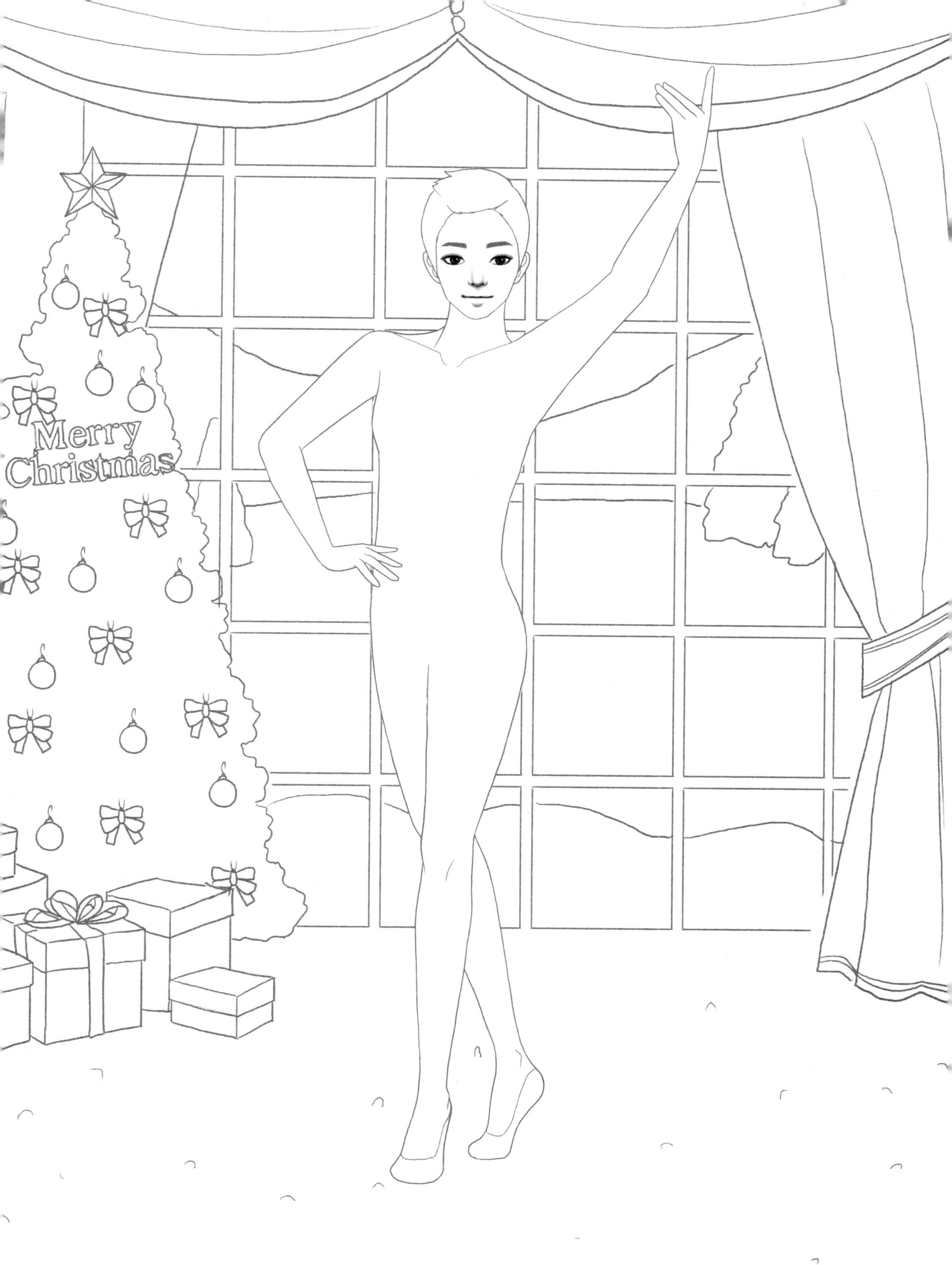
Merry
Christmas

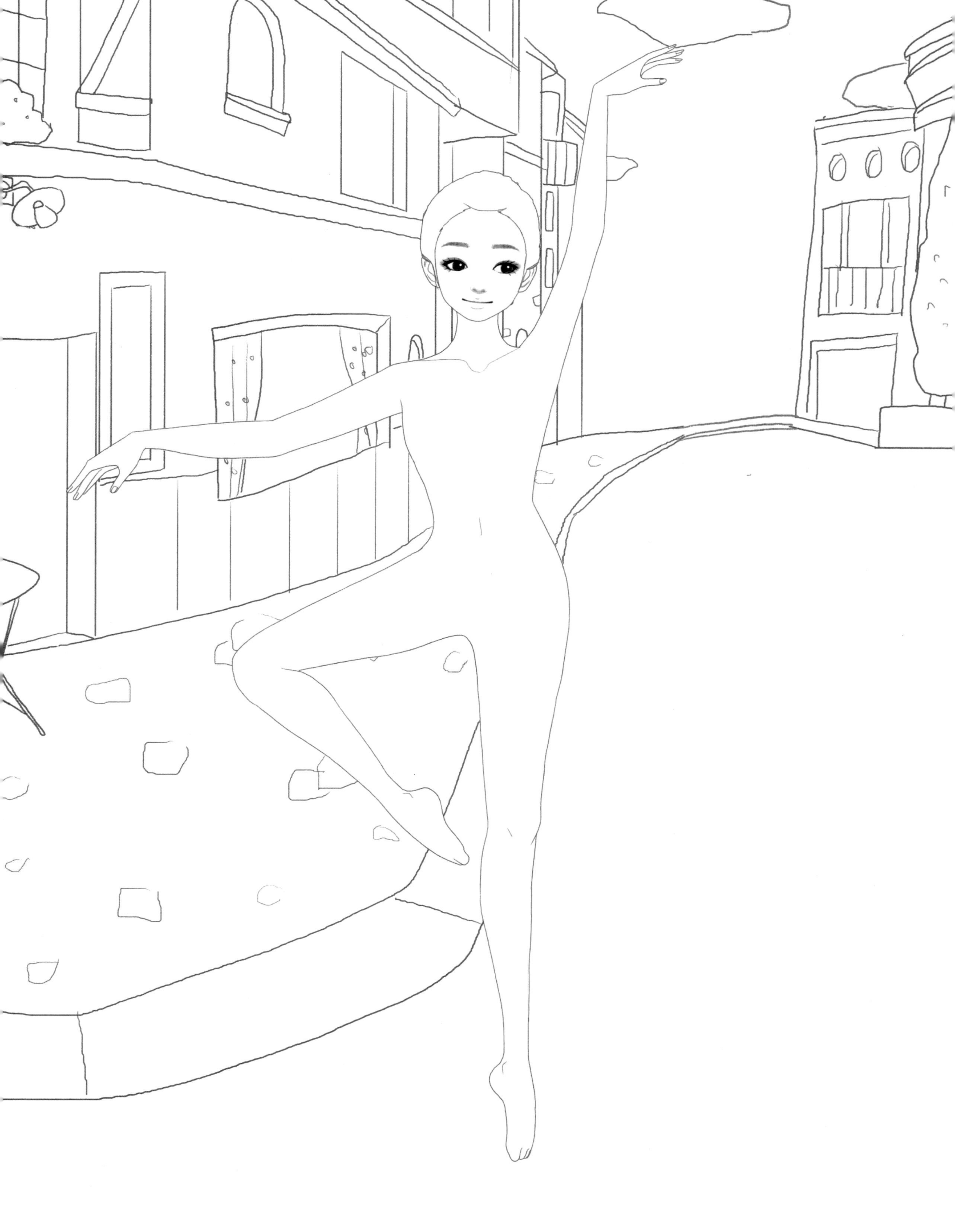

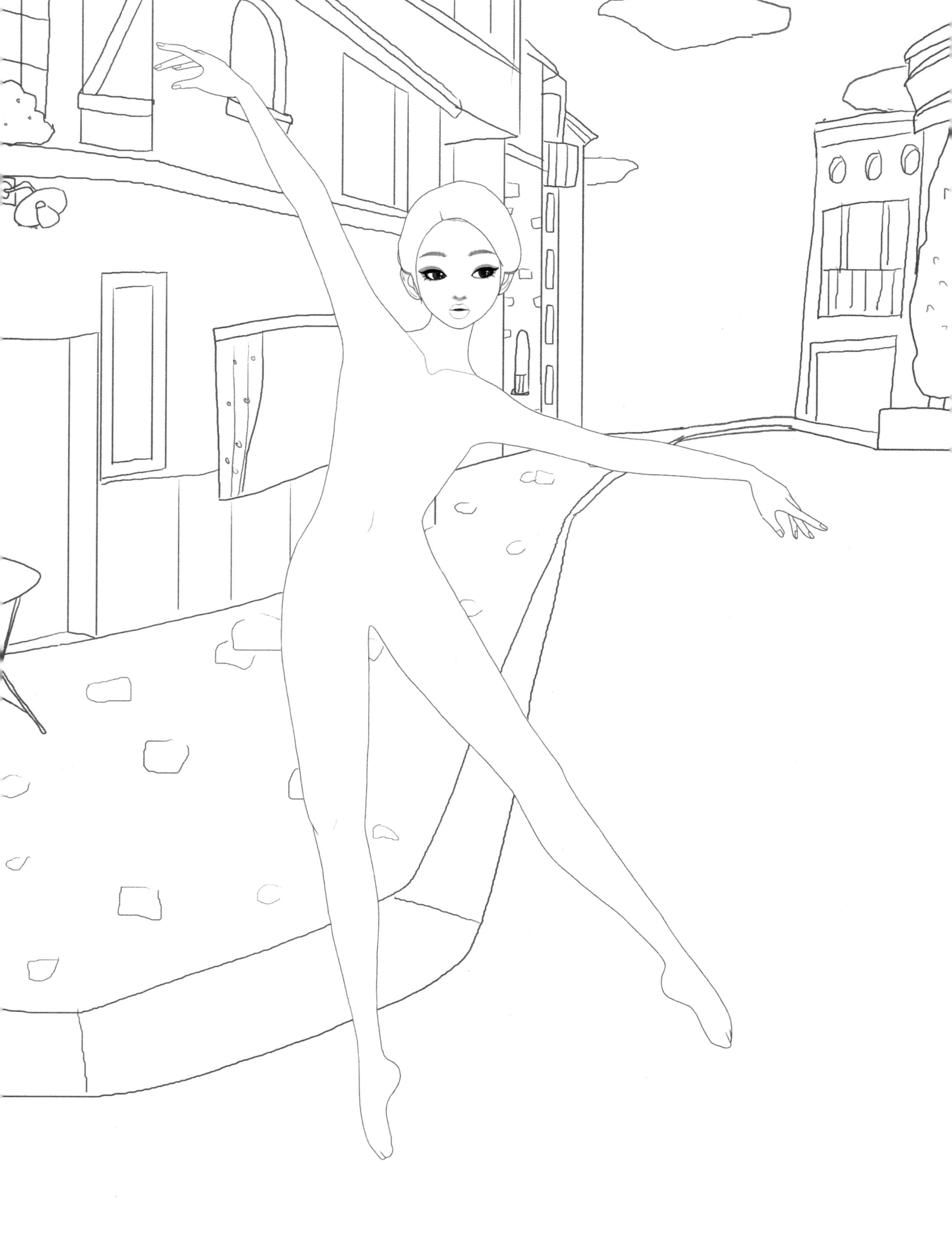

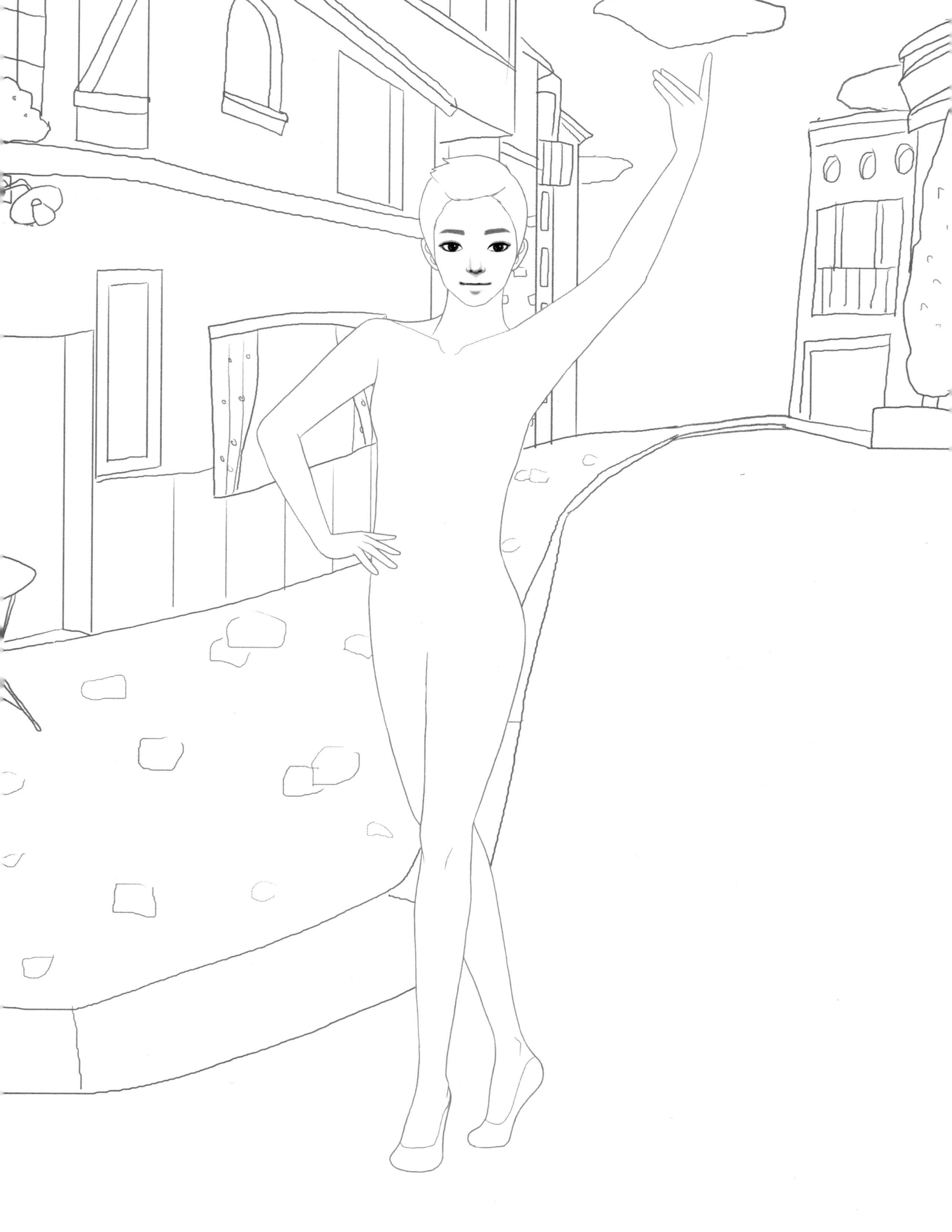

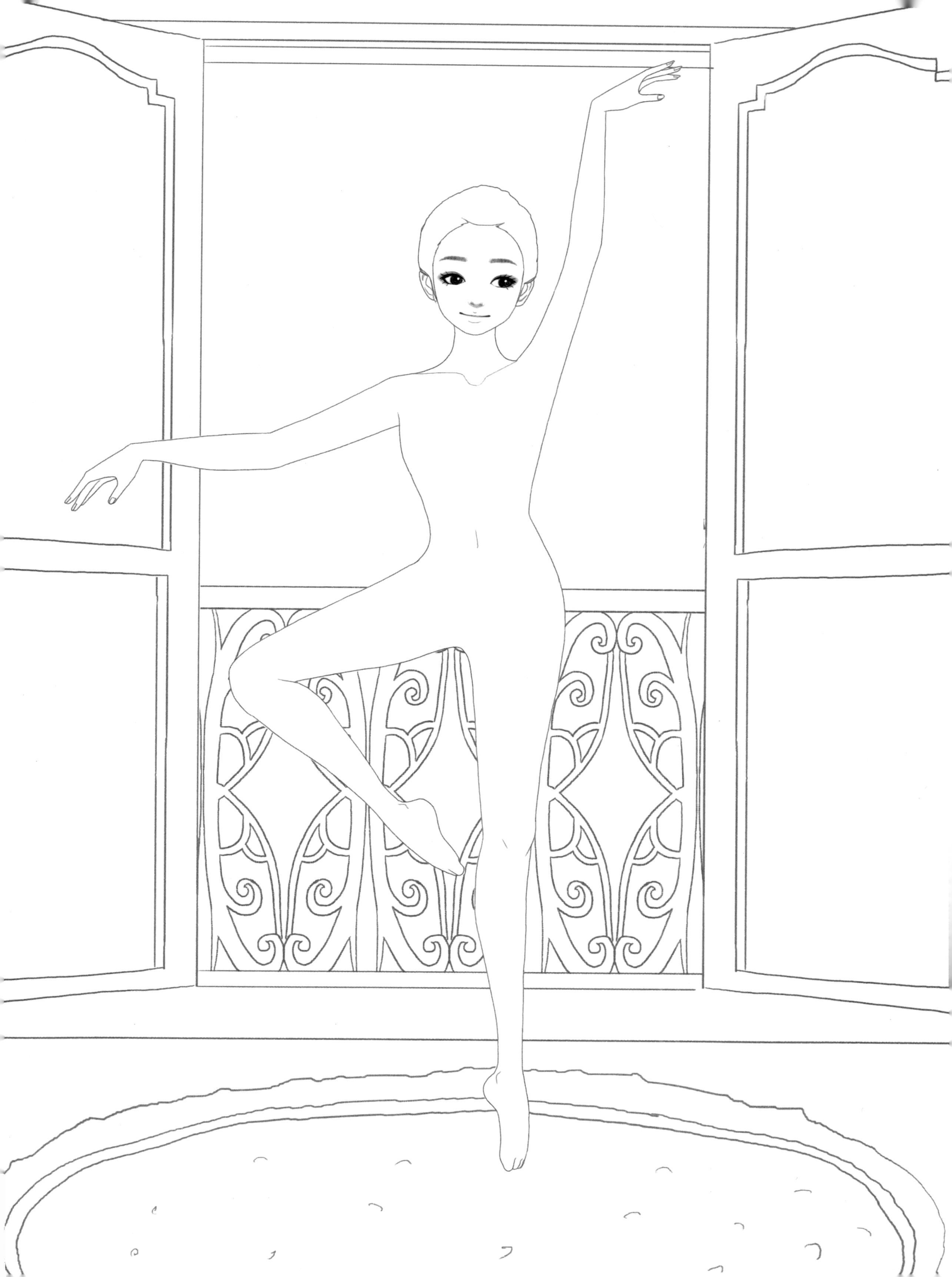

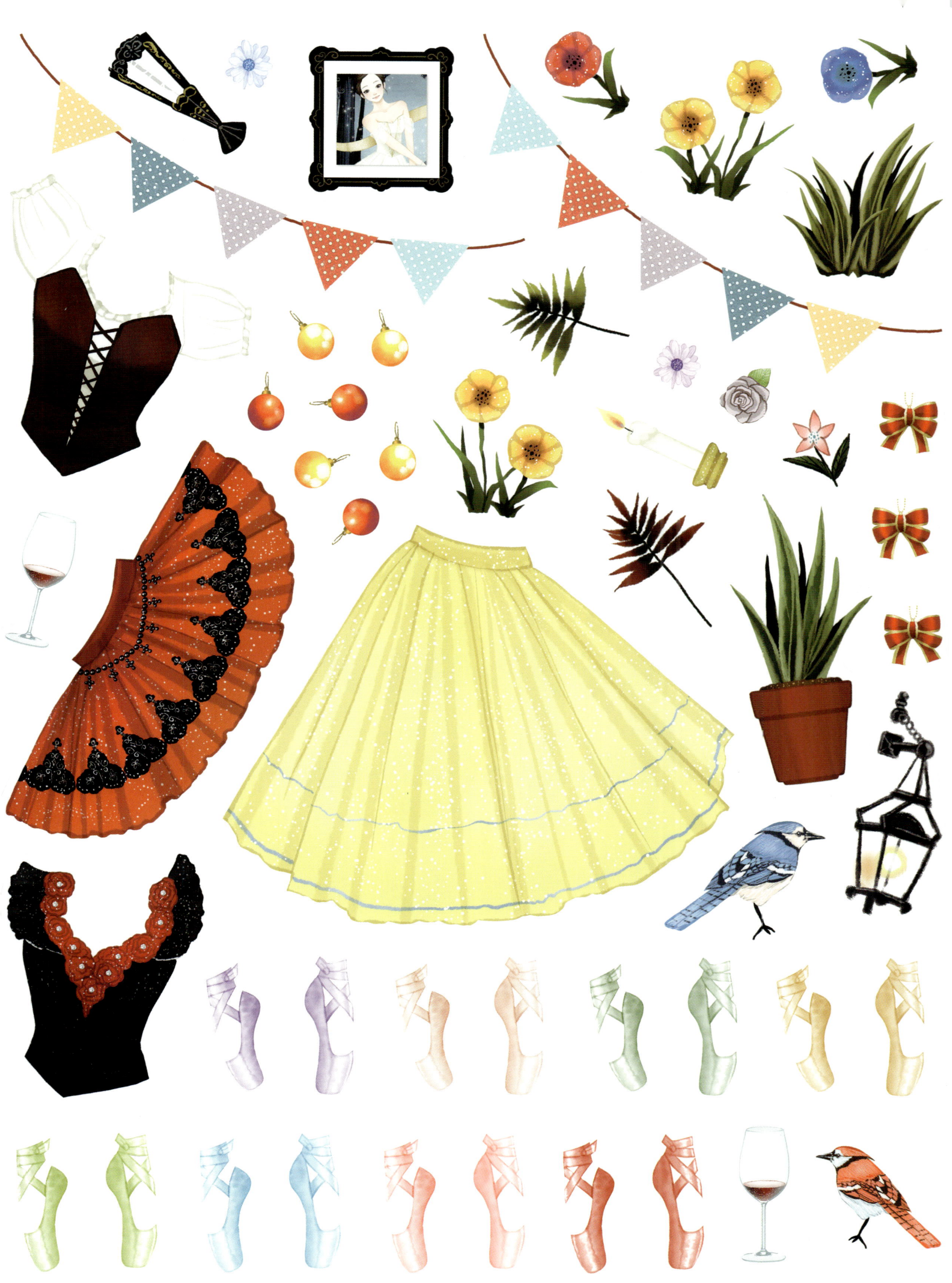

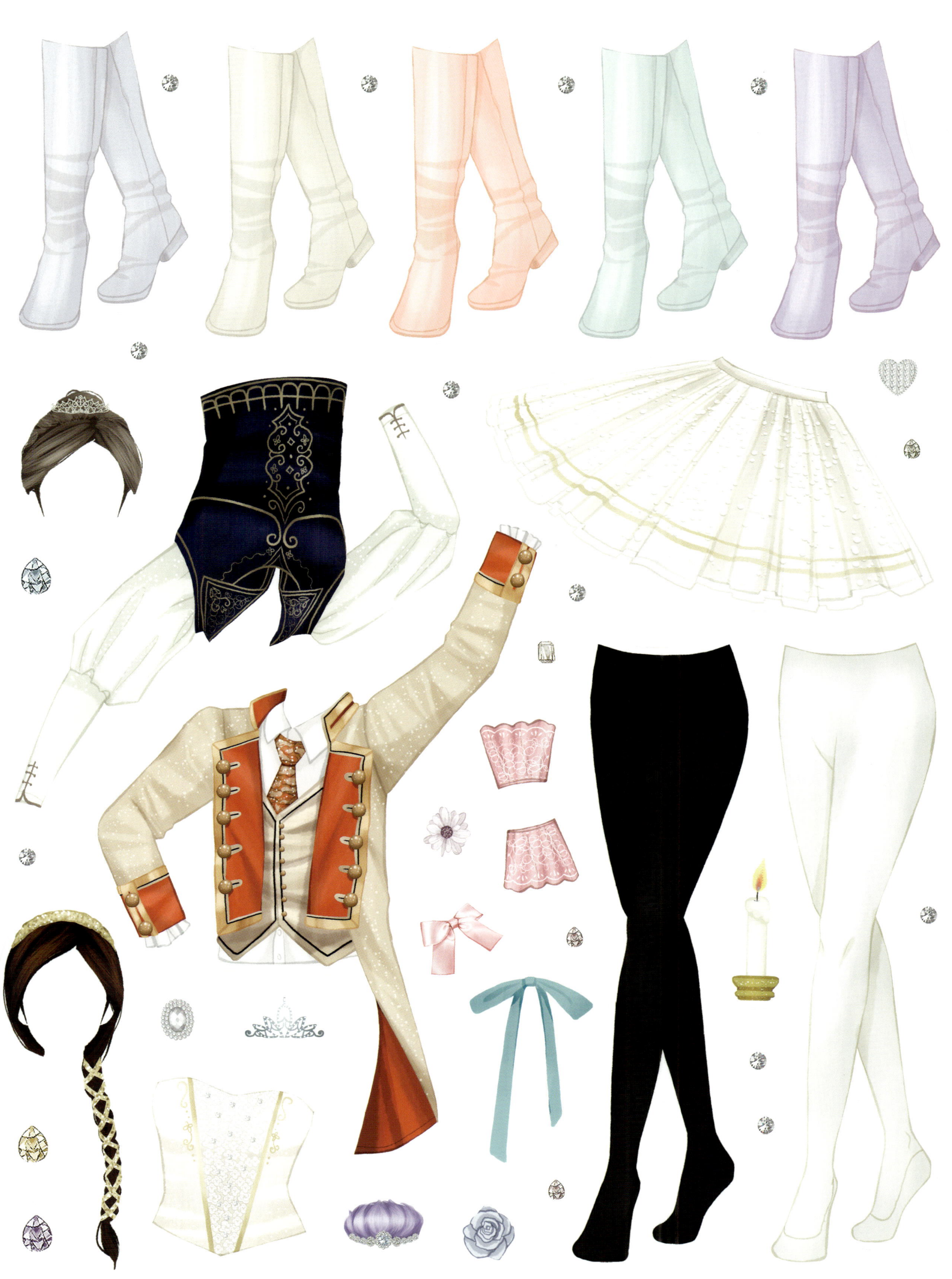

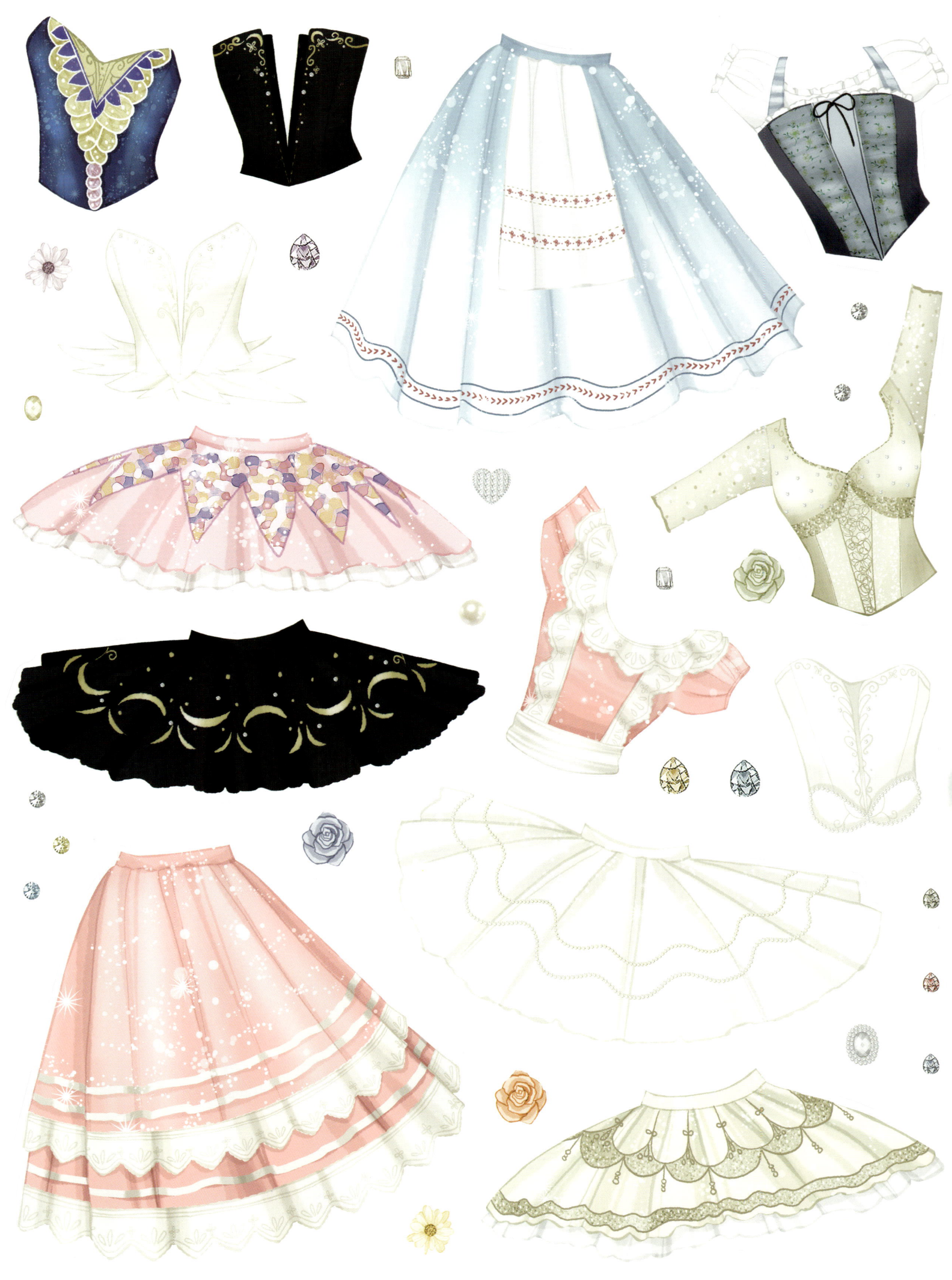

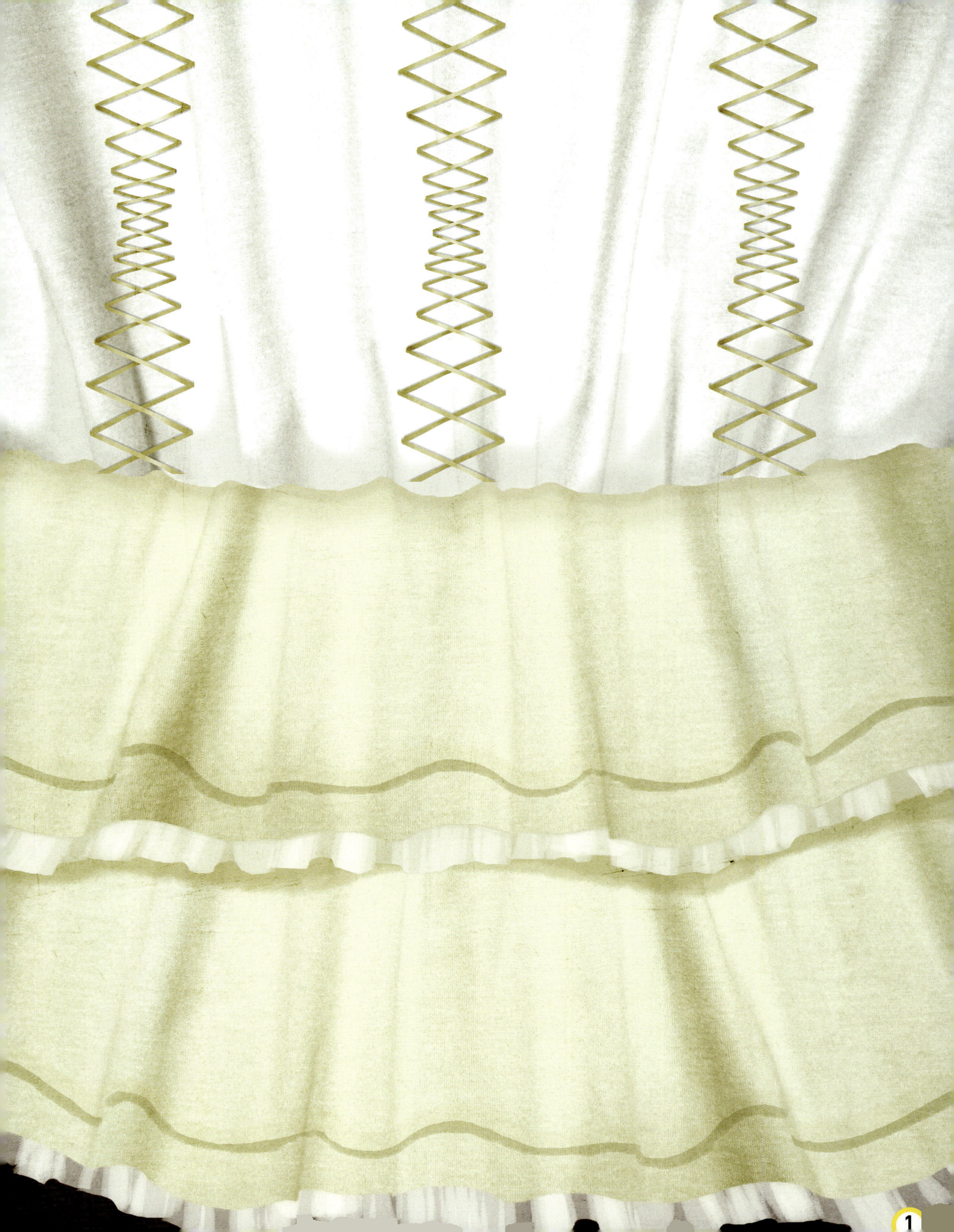

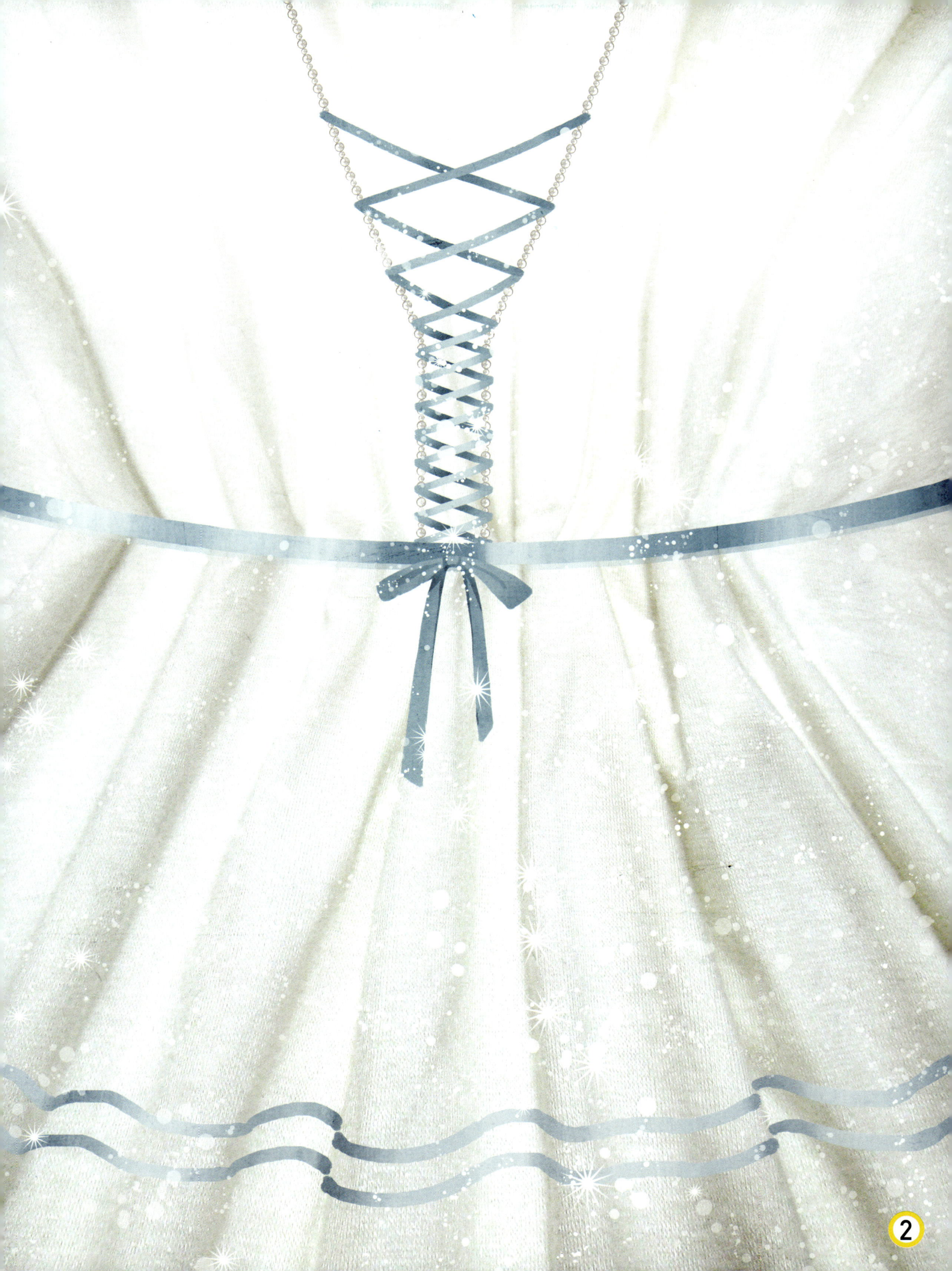

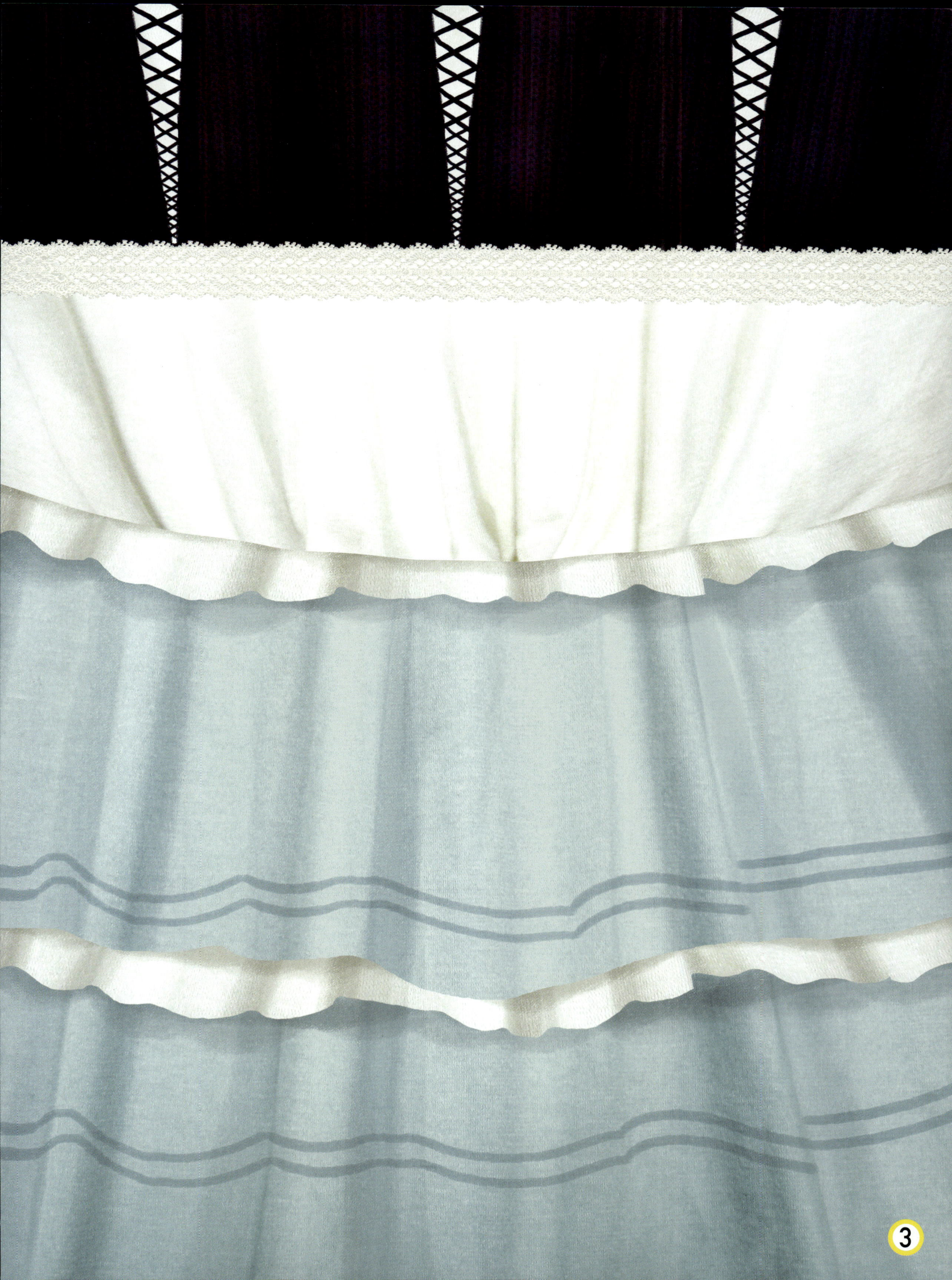

3

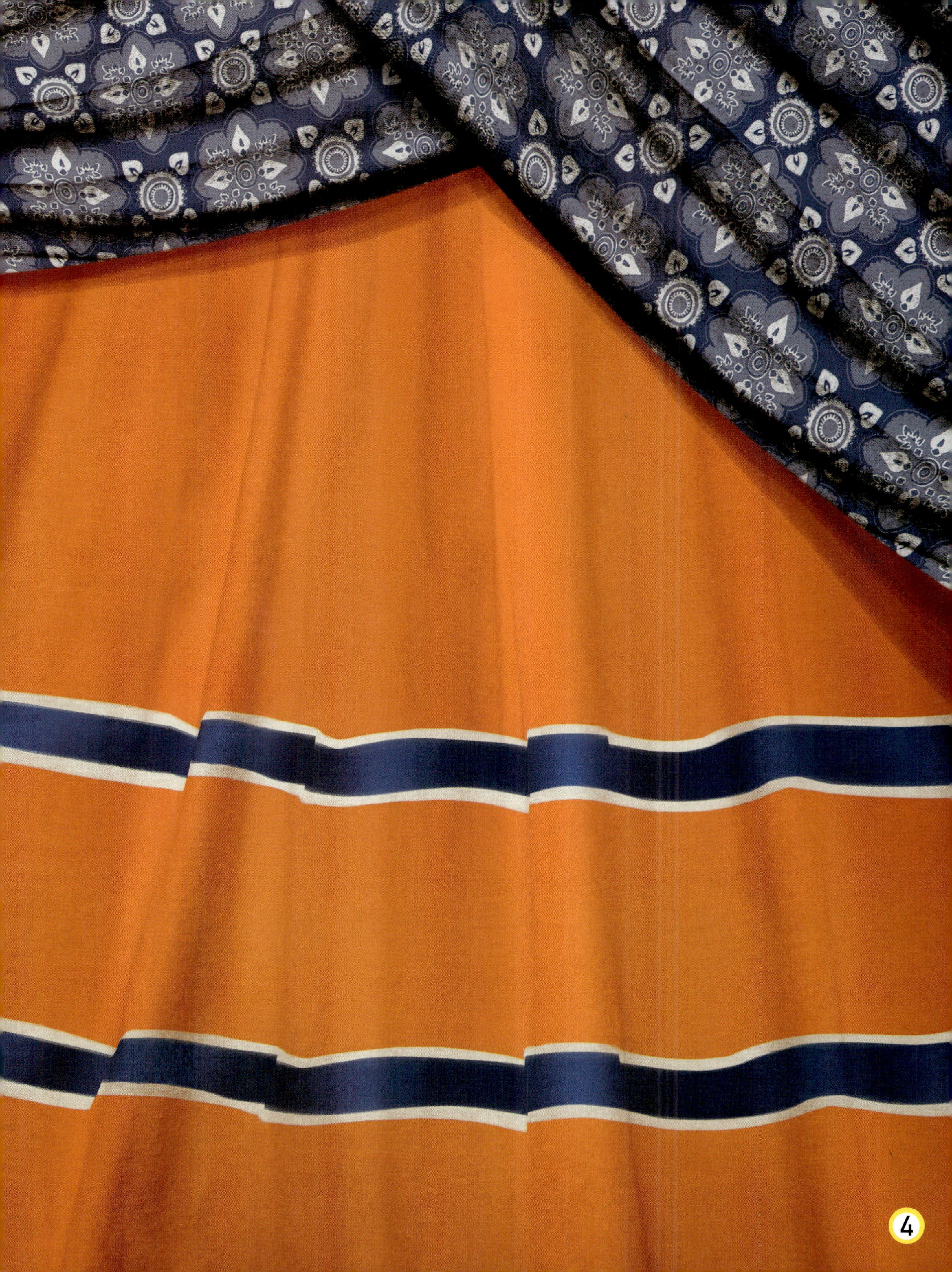
4

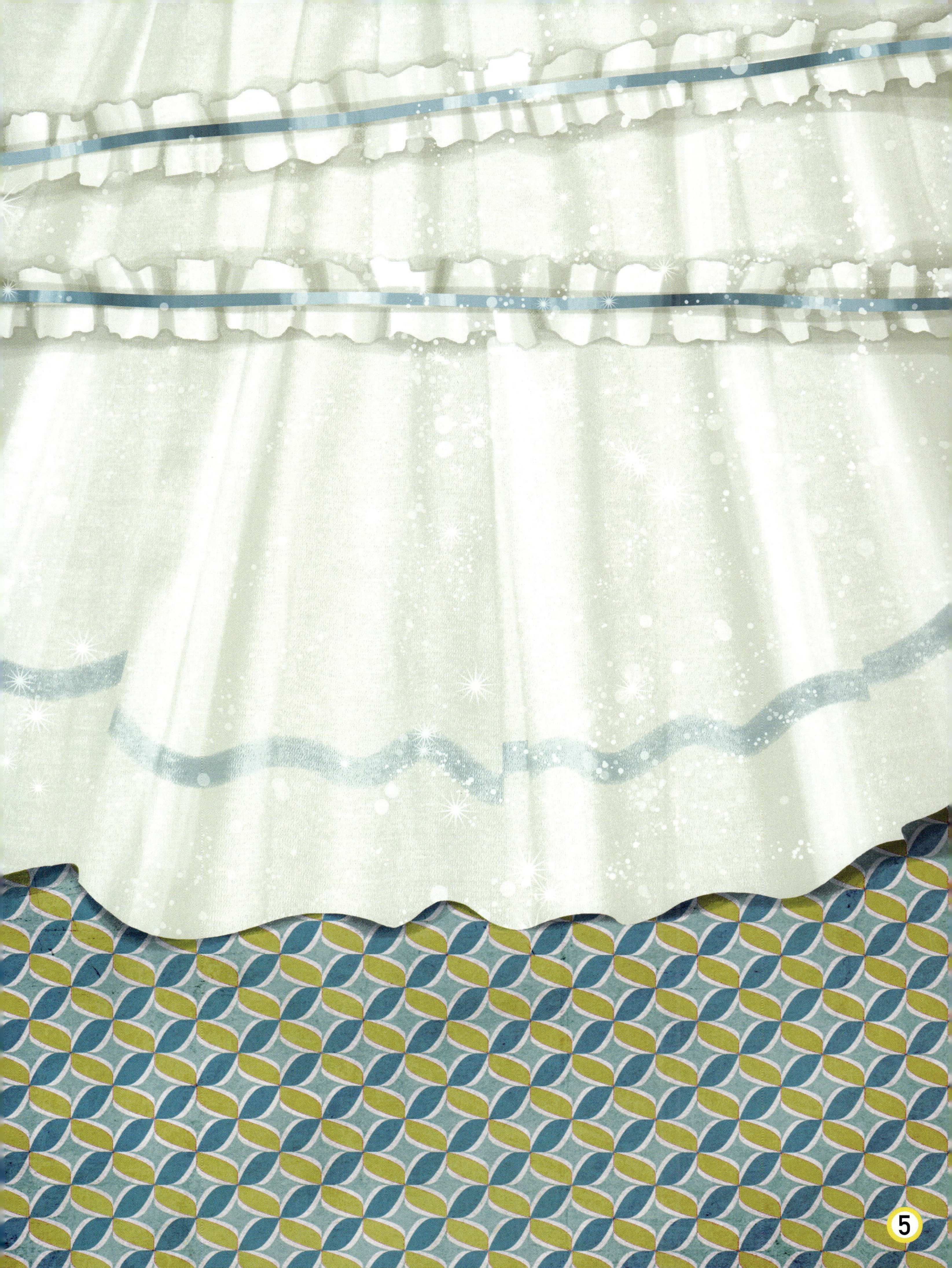

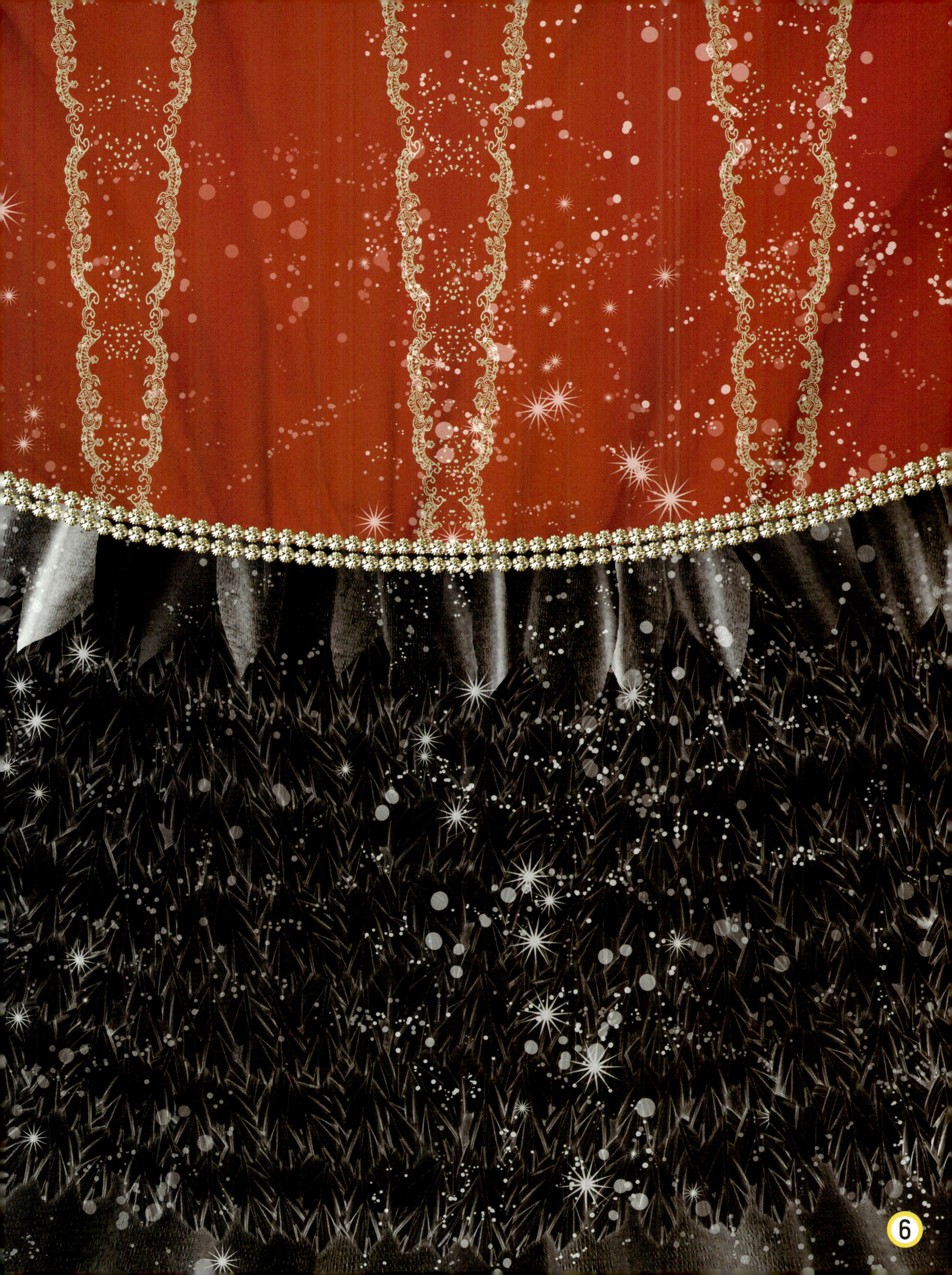

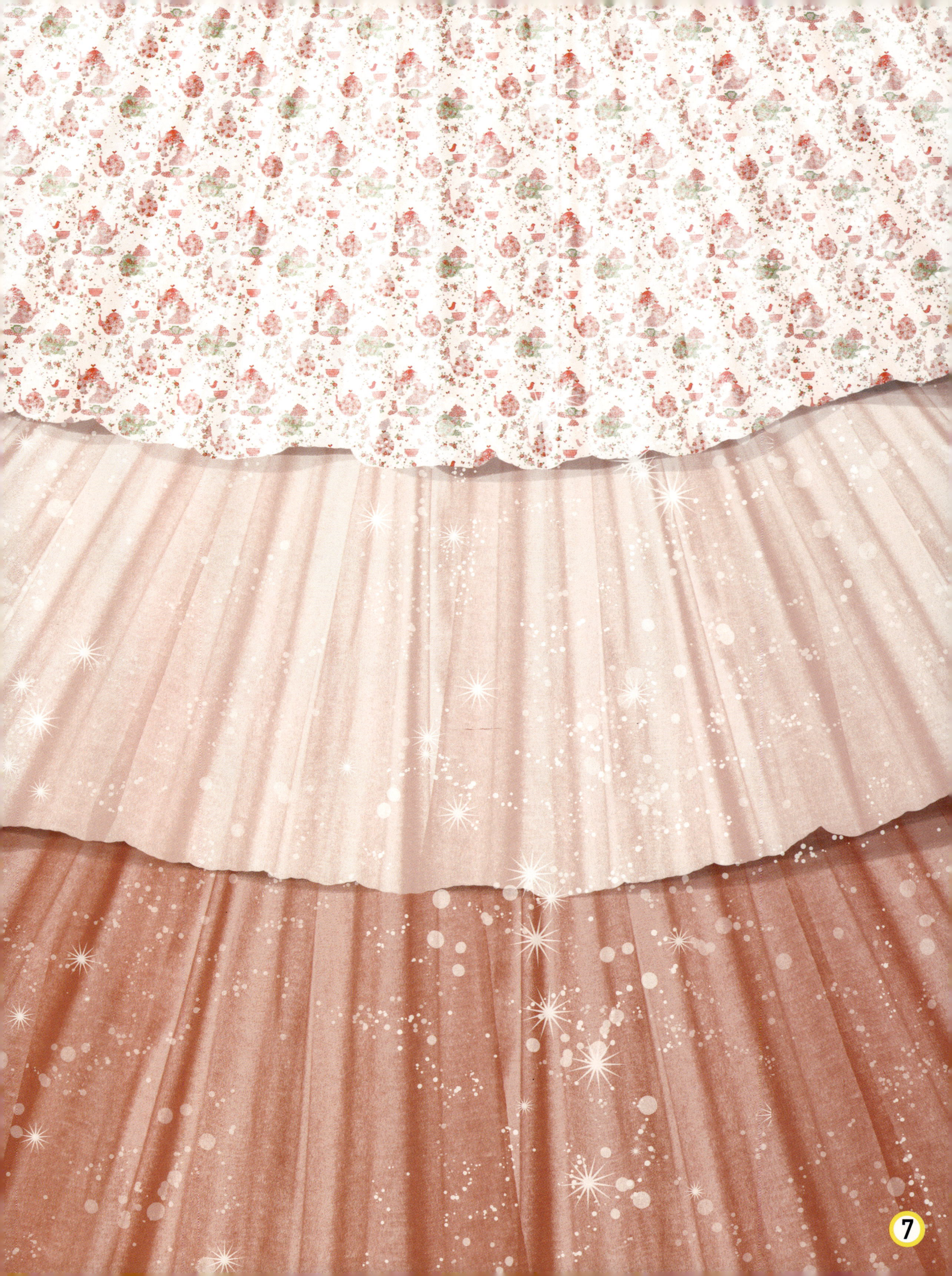

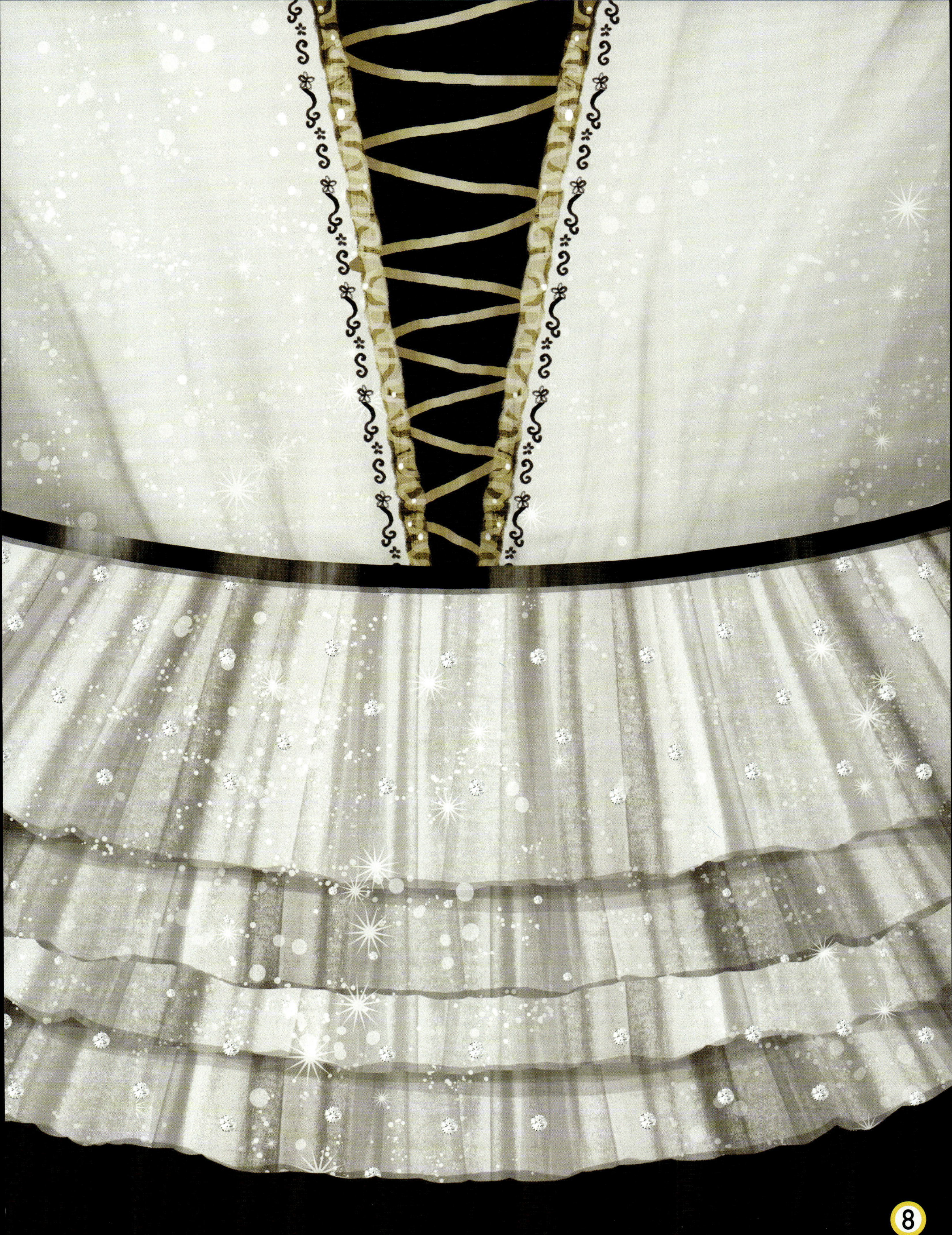

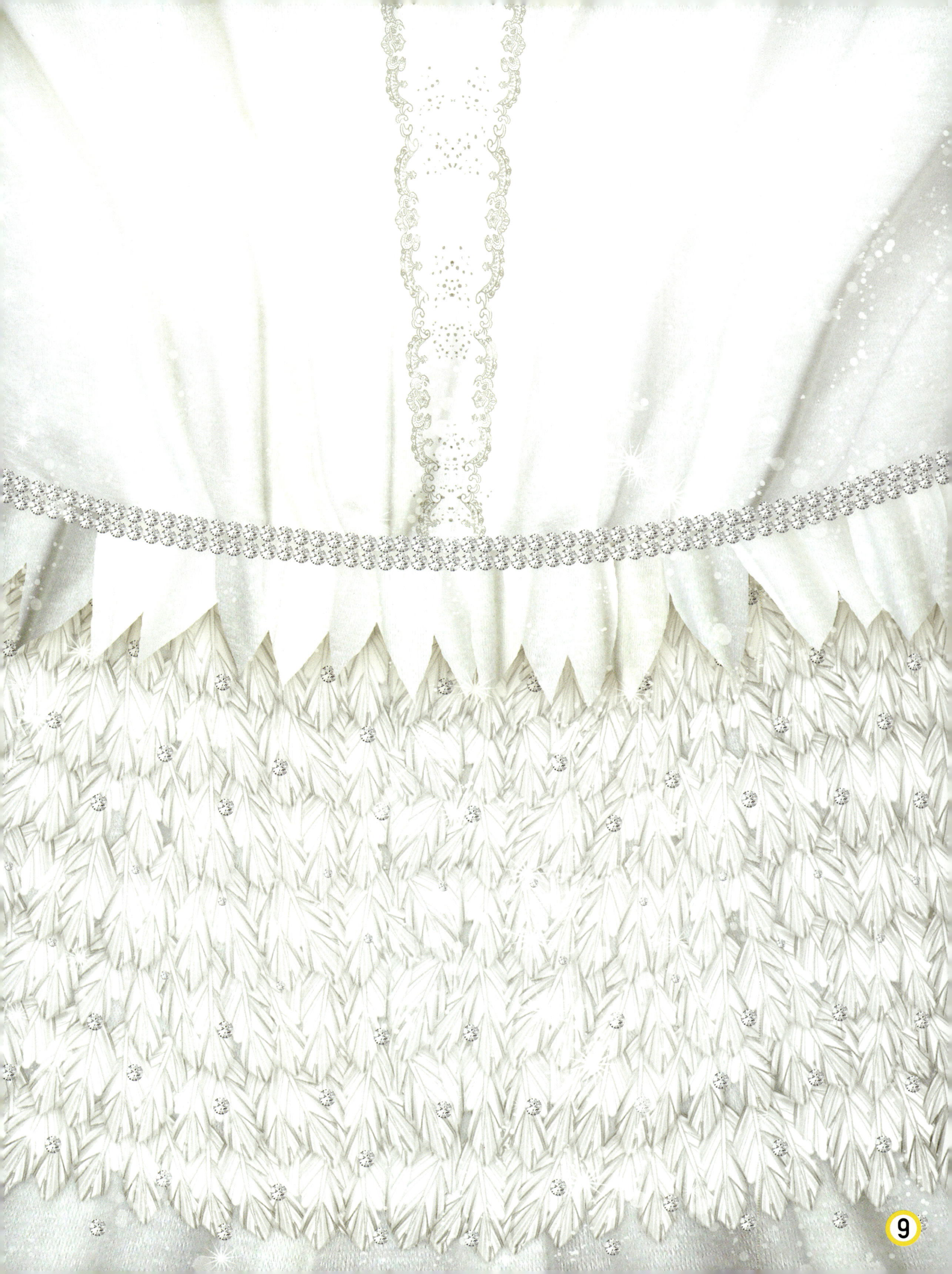

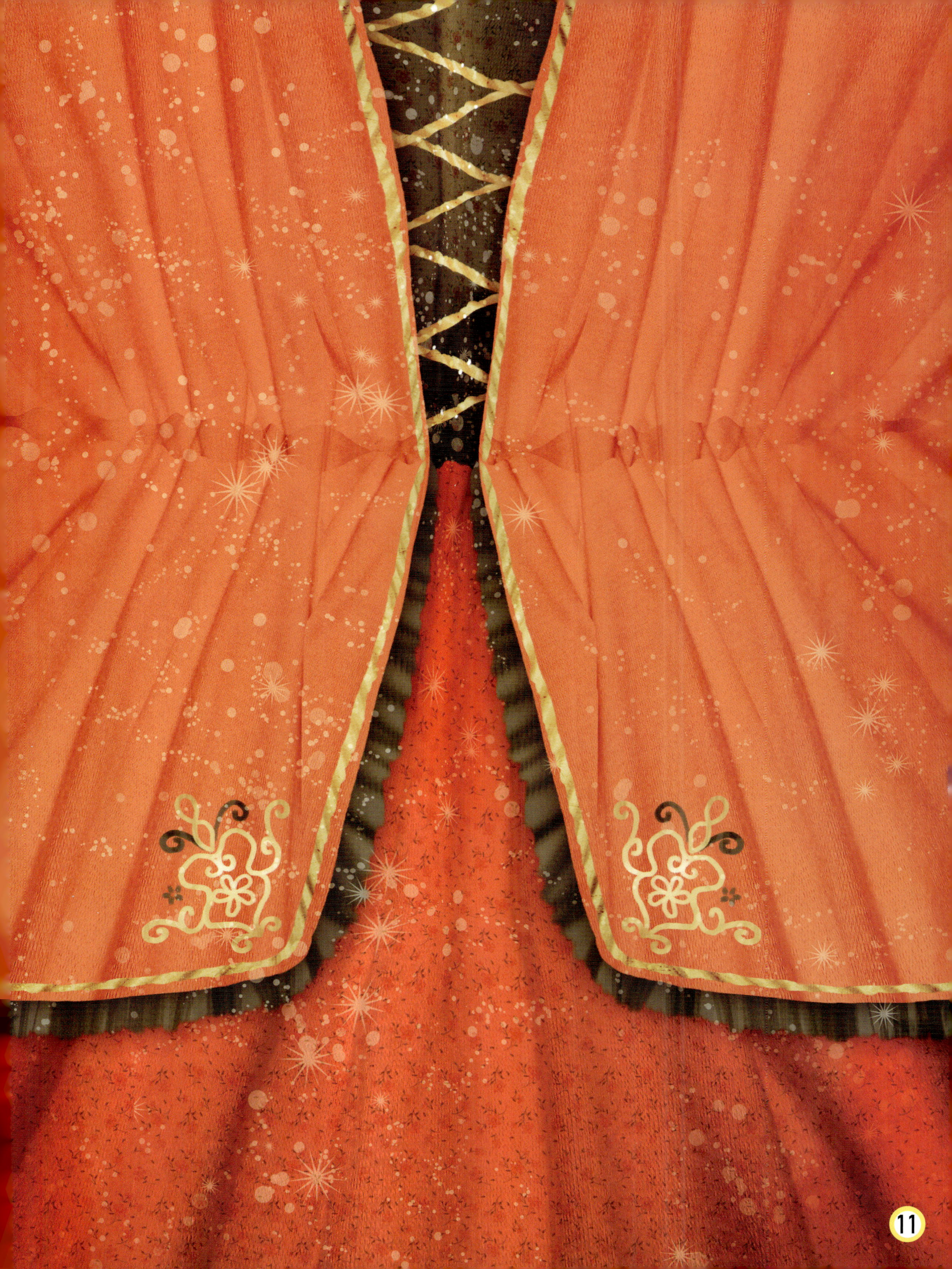

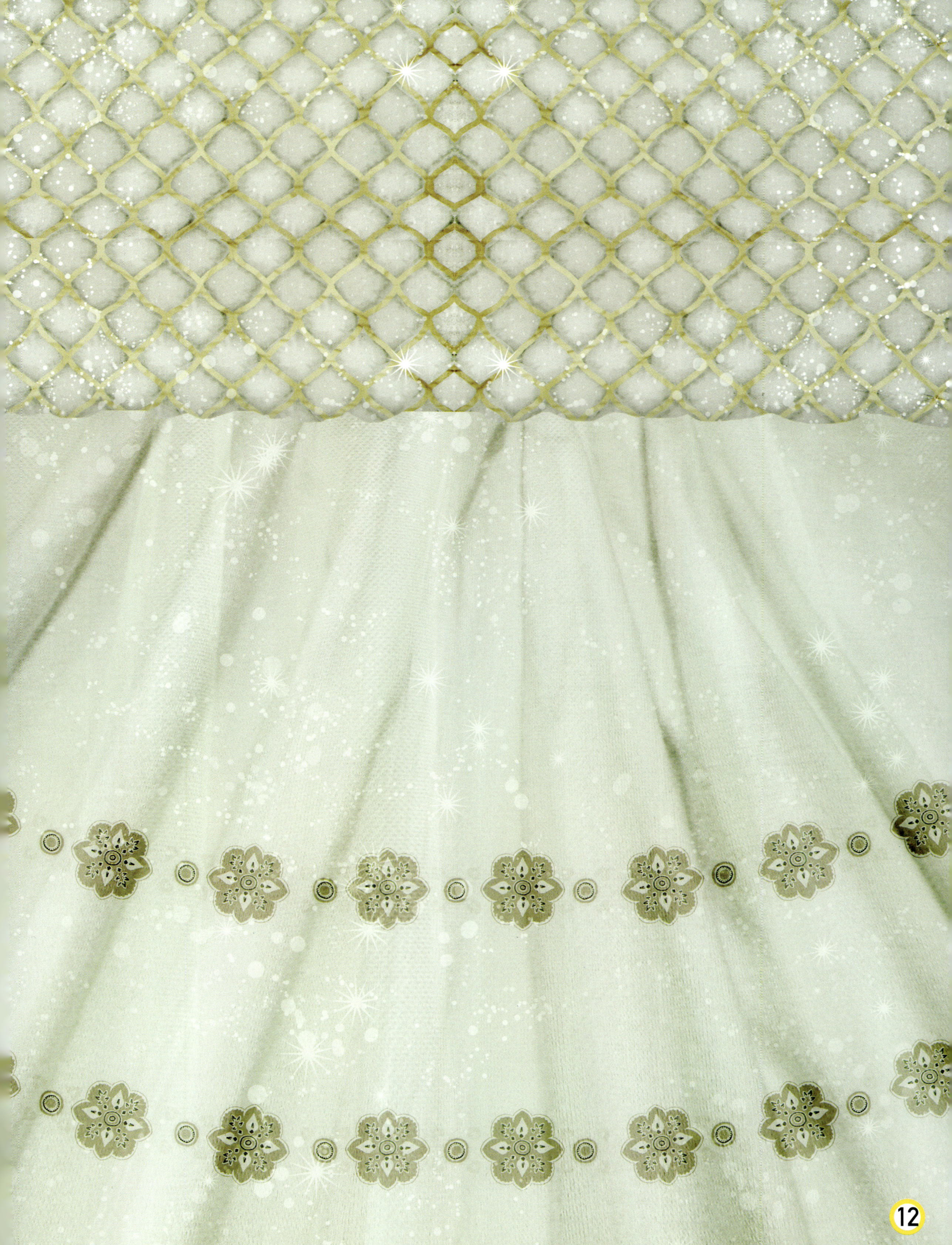

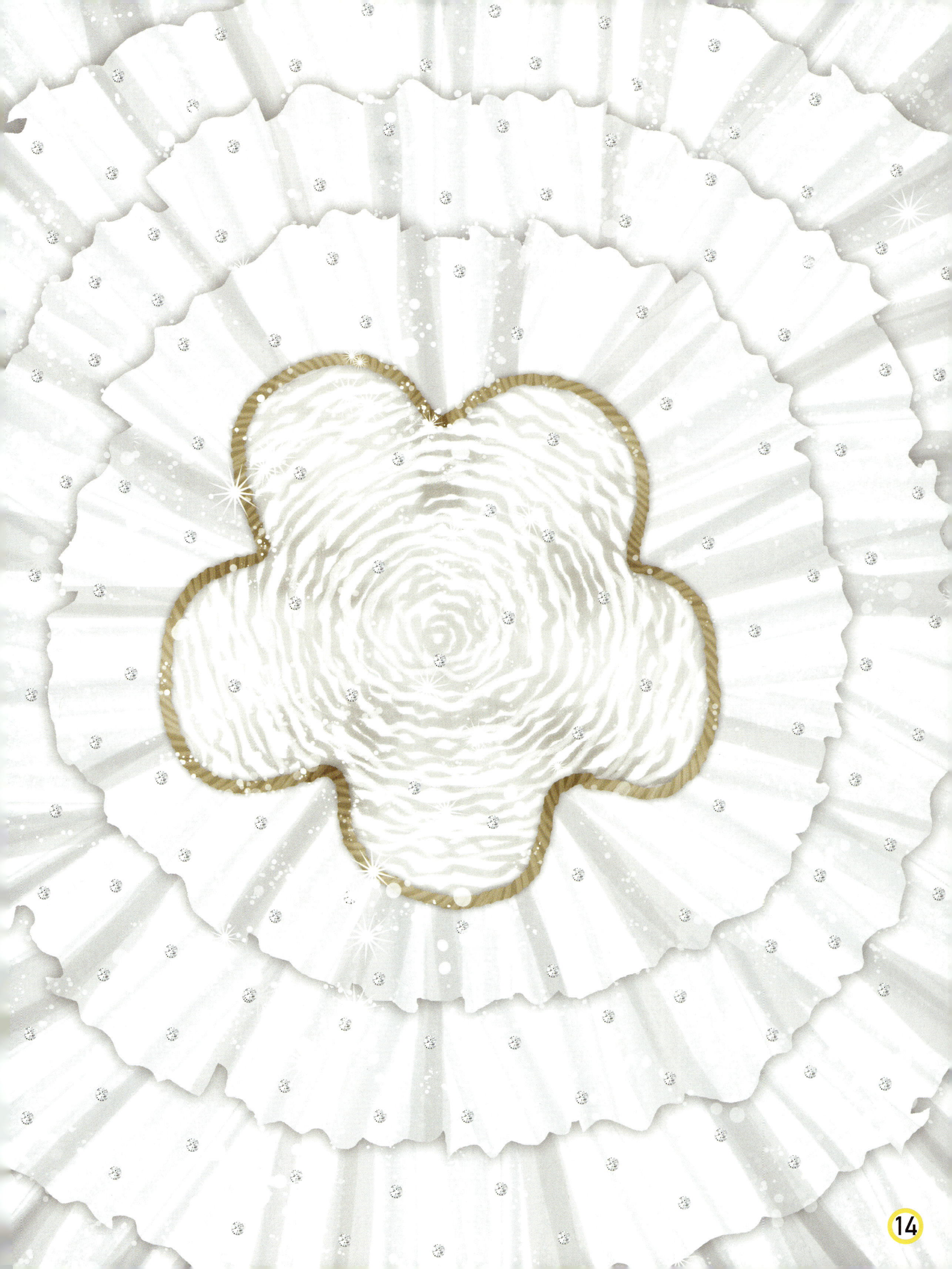

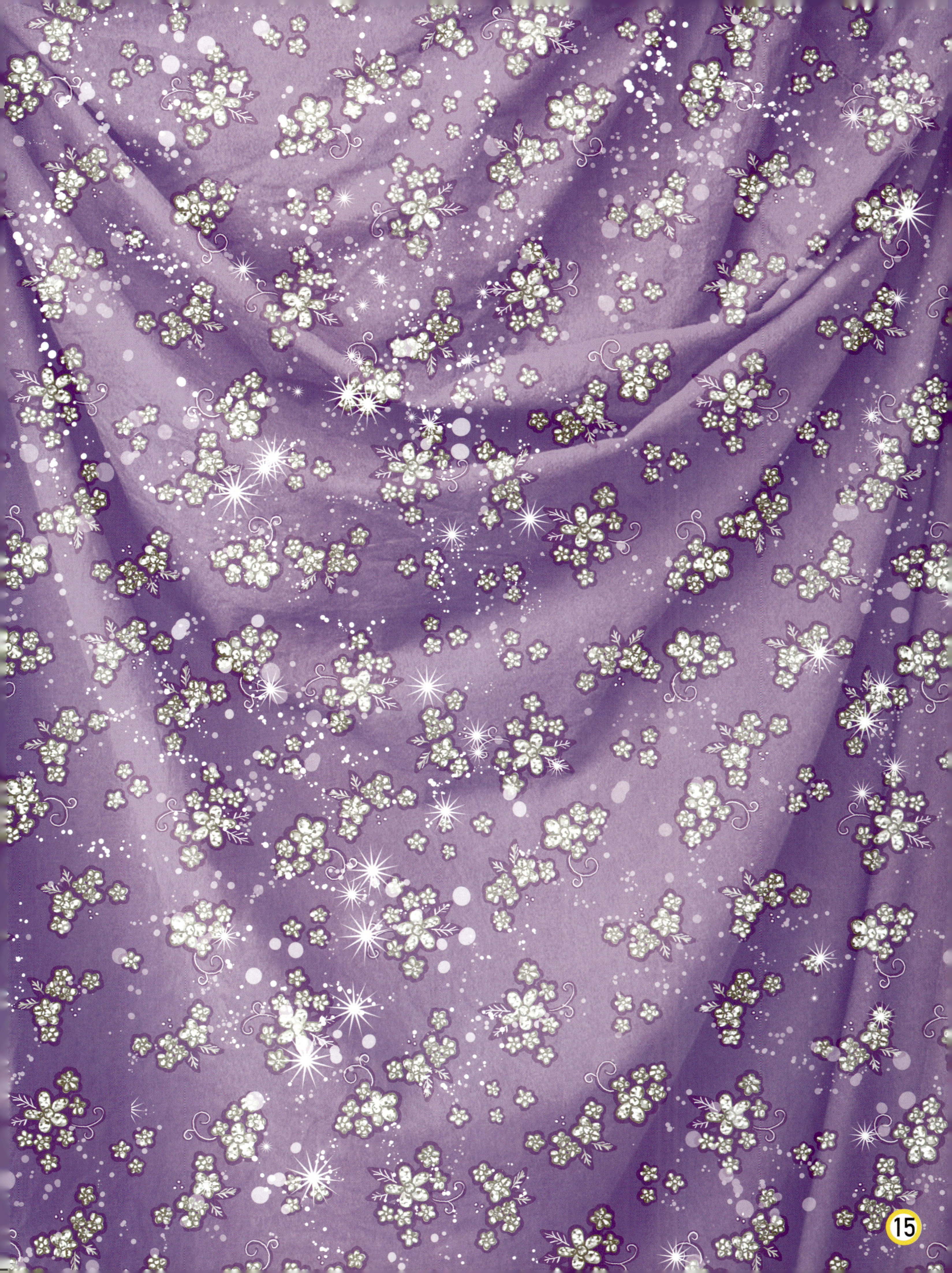

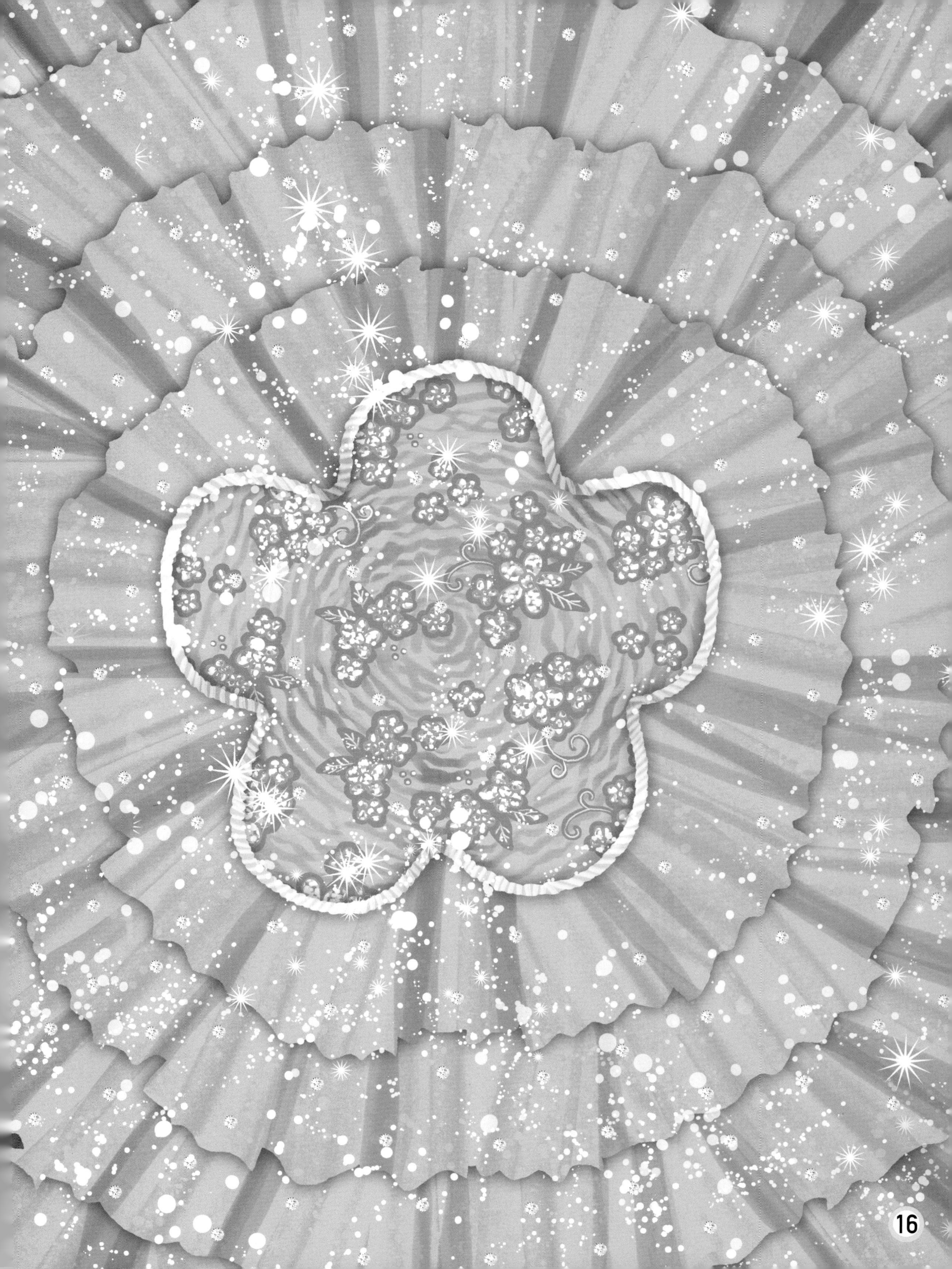

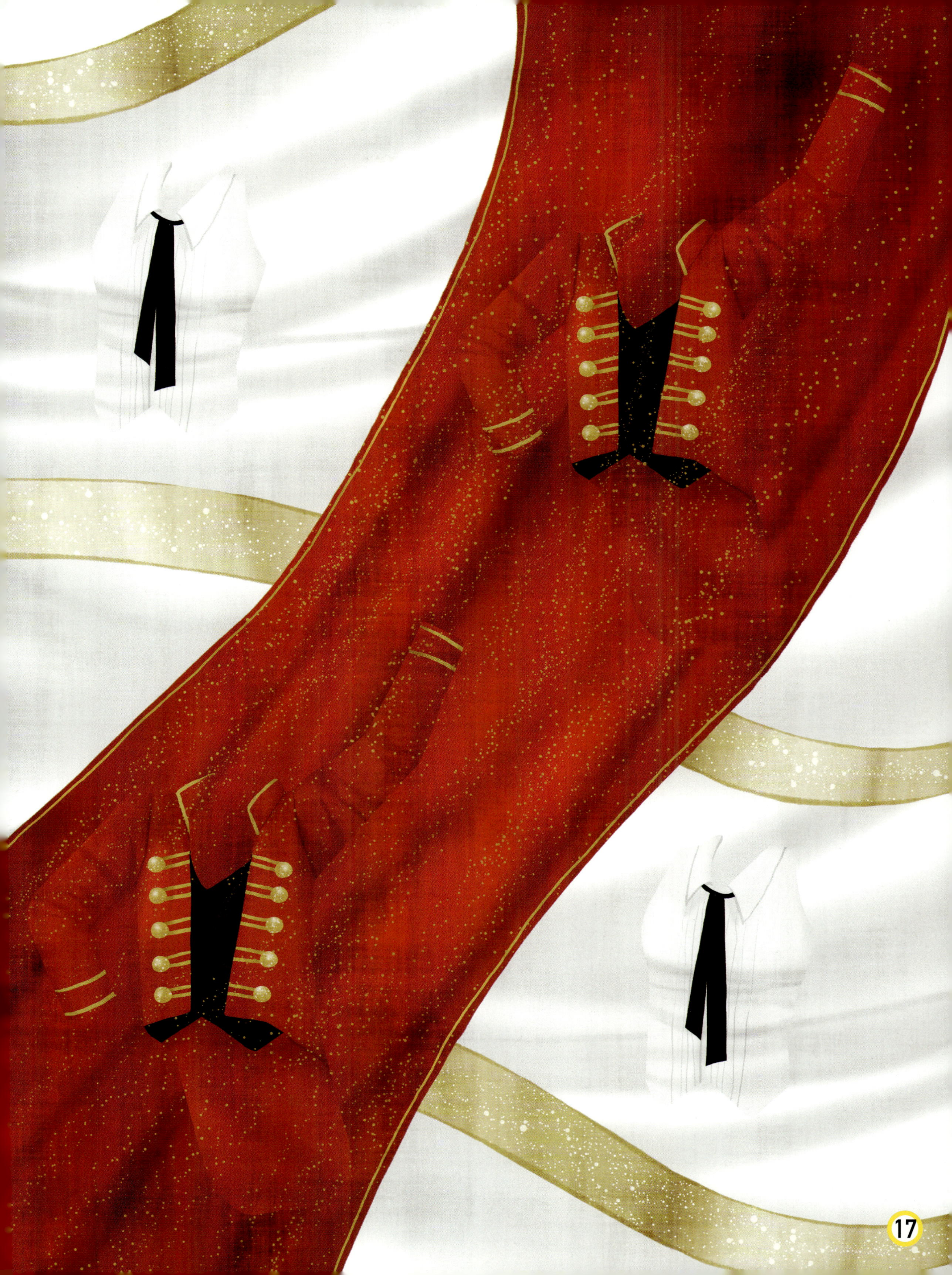

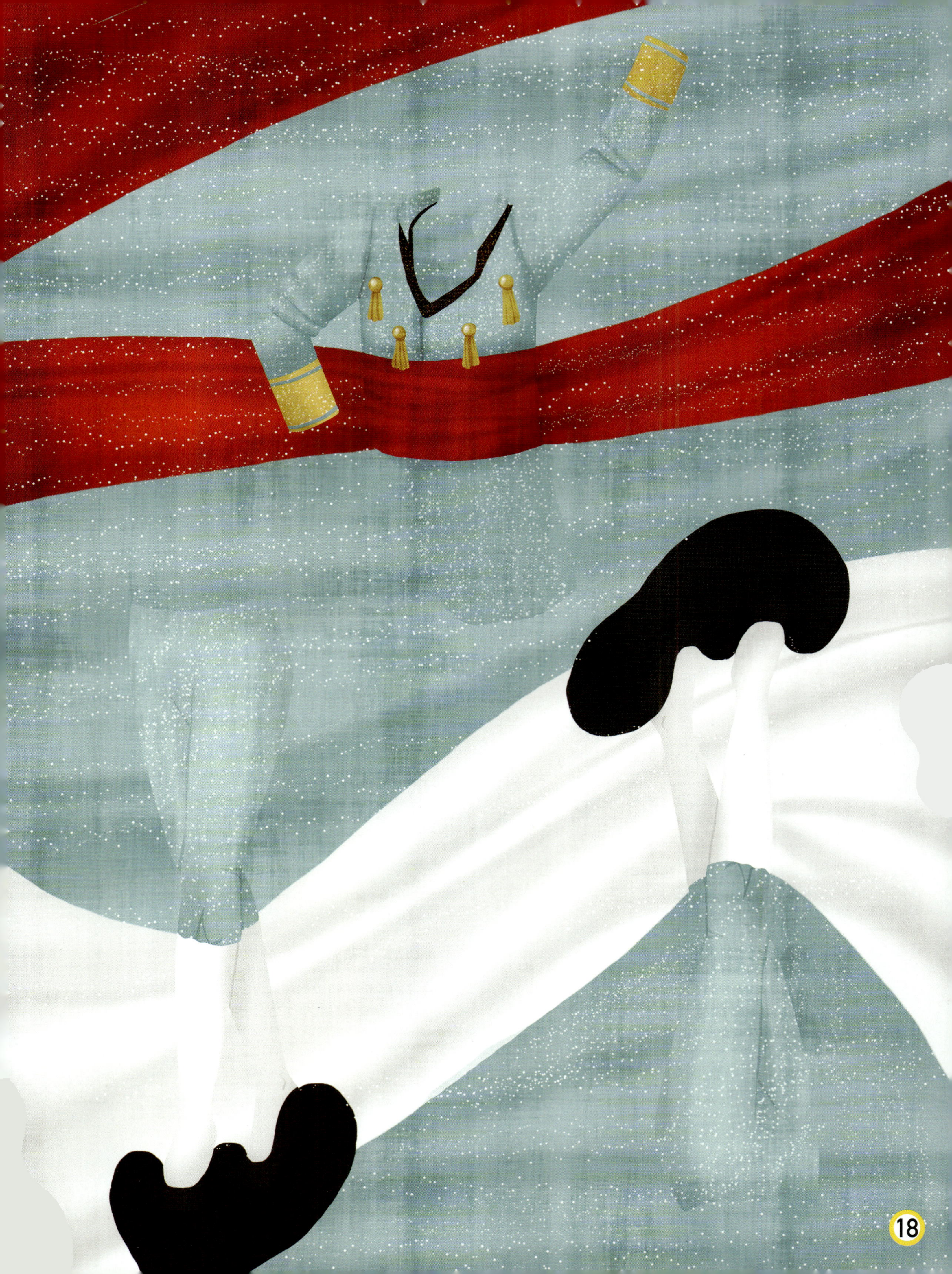

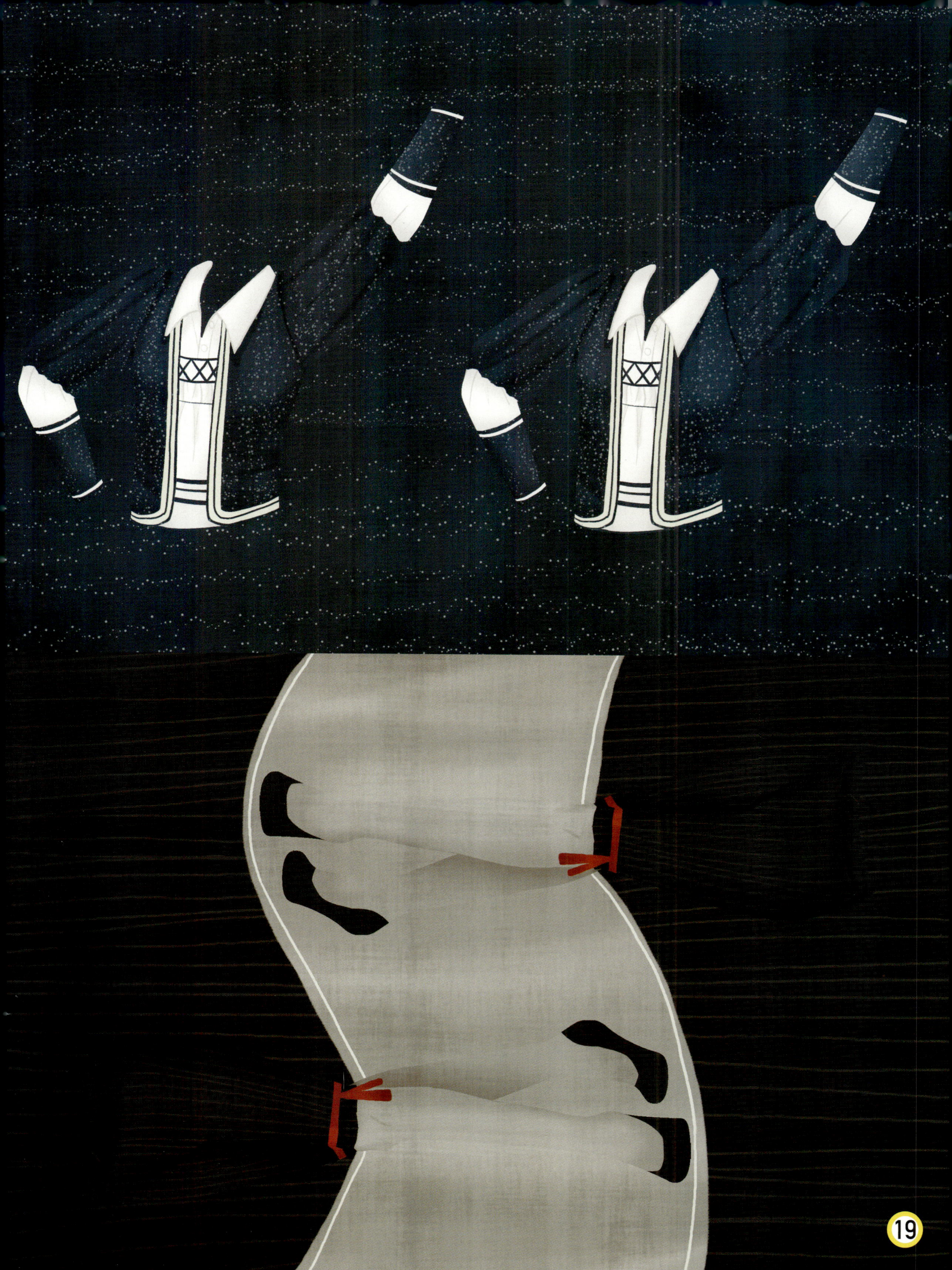

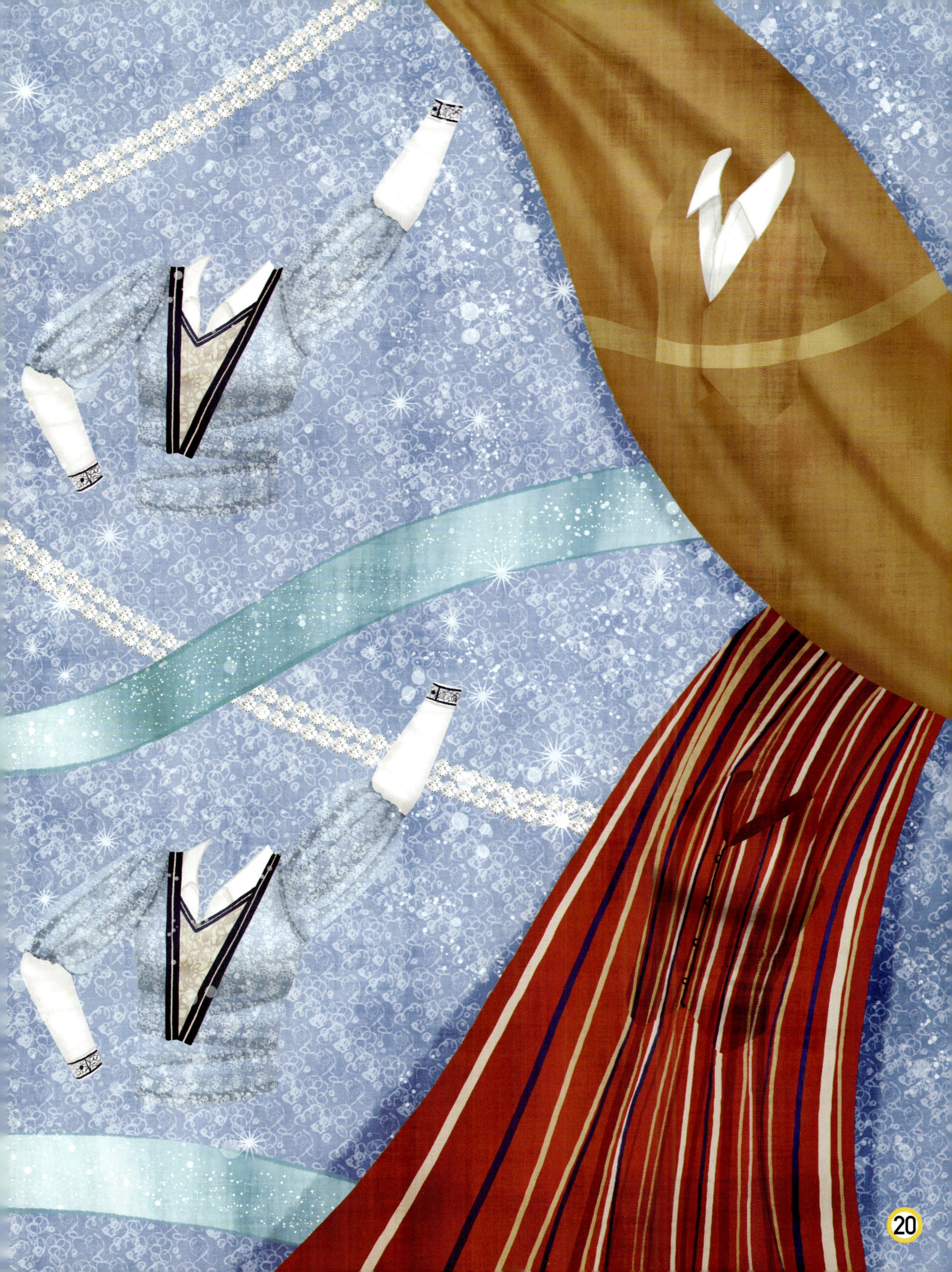